环境风险评价技术方法及应用

杨　晖　等编著

中国环境出版集团·北京

图书在版编目（CIP）数据

环境风险评价技术方法及应用/杨晔等编著. —北京：
中国环境出版集团，2023.7
ISBN 978-7-5111-5371-5

Ⅰ．①环…　Ⅱ．①杨…　Ⅲ．①环境质量评价—风险评价
Ⅳ．①X820.4

中国版本图书馆 CIP 数据核字（2022）第 243419 号

出 版 人　武德凯
责任编辑　孔　锦
封面设计　岳　帅

出版发行　中国环境出版集团
　　　　　（100062　北京市东城区广渠门内大街 16 号）
　　　　　网　　　址：http://www.cesp.com.cn
　　　　　电子邮箱：bjgl@cesp.com.cn
　　　　　联系电话：010-67112765（编辑管理部）
　　　　　发行热线：010-67125803，010-67113405（传真）
印　　刷　北京建宏印刷有限公司
经　　销　各地新华书店
版　　次　2023 年 7 月第 1 版
印　　次　2023 年 7 月第 1 次印刷
开　　本　787×960　1/16
印　　张　10
字　　数　190 千字
定　　价　69.00 元

中国环境出版集团郑重承诺：
中国环境出版集团合作的印刷单位、材料单位均具有中国环境标志产品认证。

前　言

环境风险评价是环境风险有效防控的重要基础。我国工业化进程带来高速经济发展的同时，也伴随着严峻的环境风险挑战。近年来突发性环境污染事故，特别是重化工行业环境污染事故频发，加剧了公众对环境风险隐患的担忧。

20 世纪 80 年代以来，我国在环境风险评价方面做出了很多探索。《建设项目环境风险评价技术导则》（HJ/T 169—2004）的颁布，对规范环境风险评价工作发挥了重要作用。但环境风险评价中仍存在着评价方法不统一，后果计算和环境风险分析定量化基础数据缺失，环境风险管理目标及事故防范措施针对性不足等问题。对此，在对 HJ/T 169—2004 修订过程中进行了较深入的专题研究，并在修订版《建设项目环境风险评价技术导则》（HJ/T 169—2018）中进行了补充、调整和完善，一方面秉承"风险辨析—分析预测—防控措施—风险管理"的总体评价思想；另一方面为适应环境风险新形势的需求，对风险评价程序、工作等级确定方法、环境影响途径分析、事故发生概率、风险预测模型、风险管理等方面进行优化和改进。从风险物质、生产工艺、环境要素敏感性方面加强了对建设项目固有危险性的判别，对分析预测、措施管理内容进行调整完善，以提升评价的科学性、合理性、实操性。

本书基于 HJ/T 169—2018 编制组在相关专题研究内容的梳理总结，以及技术工作中经验积累，辅以相关案例分析，旨在为从事相关环境影响评价工作的技术人员提供学习参考。

本书共 13 章，内容主要包括环境风险评价概述、建设项目环境风险评价技术路线、风险调查、风险潜势初判、建设项目风险识别、最大可信事故理论、源项分析、毒性终点浓度的选取、有毒有害物质在大气中的迁移扩散、大气伤害概率分析、有毒有害物质在水环境中的运移扩散、风险管理思路及防控措施要求、风险评价案例分析。全书由杨晔负责策划及技术统稿，第 1 章、第 2 章由杨晔编写，第 3 章由赵艺编写，第 4 章由朱美、张琳编写，第 5 章由陈微编写，第 6 章由贺丁编写，第 7 章由贺丁、陈微编写，第 8 章由赵艺、朱美编写，第 9 章由易爱华、赵艺编写，第 10 章由孔繁旭、陈微编写，第 11 章由黎明、朱美、贾鹏编写，第 12 章由杨晔、孔繁旭编写，第 13 章由陈微、孔繁旭编写。

风险是基于系统不确定性和后果的研究，需要先进的技术经验模型、大量分析数据以及系统管理工程作为基础。我国环境风险评价的基础工作还较薄弱，由于风险评价涉及的行业特征差异较大，技术交叉领域较多，需要深入推进相关基础科学研究为完善建设项目环境影响评价提供理论和技术支撑，还需要通过更多持续性的技术积累来不断丰富完善风险基础数据资料库。希望本书的出版能为从事相关领域工作的技术及研究人员提供参考借鉴，不断推进我国的环境风险评价技术发展。

本书在编写过程中得到梁鹏研究员、李时蓓研究员的指导，在此一并致谢！由于编者水平有限，书中还存在不足之处，敬请广大读者批评指正。

编者

2022 年 5 月 1 日

目　录

第1章 环境风险评价概述

1.1 环境风险防控形势

环境风险评价是环境风险全过程管理的重要组成，是环境风险有效防控的重要基础。我国经历了工业化、城镇化加速发展阶段，由于经济增长方式较为粗放、工业布局不尽合理，加之自然灾害和生产安全事故频发，环境风险防控形势严峻，突发环境事件仍处于高发期。全国环境影响评价基础数据库统计数据显示，我国每年审批建设项目 20 余万个，建设项目涉及有毒有害和易燃易爆危险物质种类繁多、分布广泛，环境与健康风险隐患大。我国公开应急事故数据显示，1985—2020 年，国内发生的突发环境污染事故共 171 例。2010—2020 年，每年突发环境污染事故呈波动性增长趋势，重大环境污染事故主要涉及无机化工、有机化工、石油化工等行业，相应地区主要分布在山东、江苏、辽宁、河北、甘肃等省（图 1-1～图 1-3）。

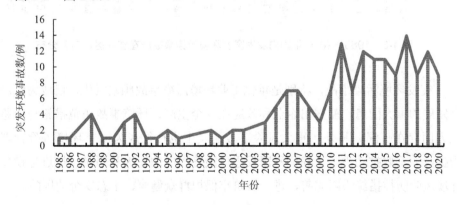

图 1-1　1985—2020 年国内发生突发环境污染事故情况趋势

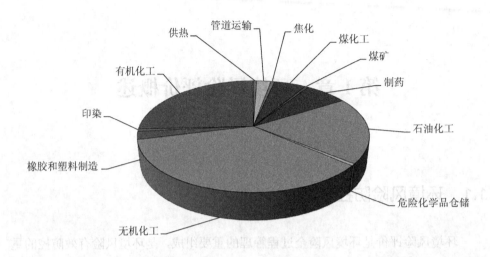

图 1-2　1985—2020 年国内发生突发环境污染事故涉及行业分布

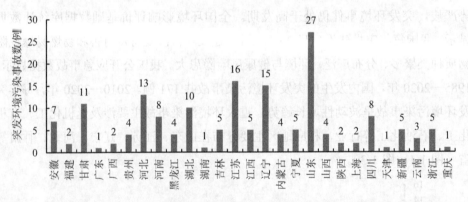

图 1-3　1985—2020 年国内发生突发环境污染事故所在省（区、市）分布

突发环境污染事故，特别是重化工业环境污染事故频繁发生，已成为经济社会发展的重大隐患，暴露出企业和政府在安全生产、环境事故防范措施与应急响应方面存在疏漏。另外，重大风险事故的发生也往往成为国家环境风险管理能力提升的重要推动力，让我们不断反思风险管控中的短板和不足，推进建设项目环境风险防控措施不断完善，进一步筑牢保护群众健康、生态安全的屏障。

1.2　环境风险管理发展

1.2.1　美国环境风险管理发展历程

美国环境风险评价起步源于 1984 年印度博帕尔（Bhopal）的美国联合碳化物公司（Union Carbide，以下简称美国联碳）农药厂发生的化学品泄漏事件，这也是历史上最重大的工业灾难。灾难事件发生时，该农药厂约有 30 万 t 剧毒的异氰酸甲酯（MIC）原料发生泄漏，这种液体易挥发，危险性高，72 h 内夺走 8 000余条生命，累积伤亡将近百万人。次年，美国联碳公司又发生环氧乙烷装置爆炸事件，一系列化工产品被迫停工。接二连三灾难性事件的发生推高了反毒化物、反公害与社区知情权的倡议运动，美国于 1986 年通过《应急计划与社区知情权法案》（EPCRA），建立了一个新的联邦计划用于规范全美化品的生产。此法案要求各州应急部门必须根据化工企业提交的有毒物质排放清单（TRI）等信息规划相应的政府应急预案，并将应急预案的具体内容对公众公开。1990 年，美国国会通过《清洁空气法修正案》（Clean Air Act 1990，CAA），明确了危险化学品环境应急防范的相关内容，在此法案与《应急规划与社区知情权法案》的规制下，美国国家环境保护局（EPA，以下简称美国环保局）建立了"风险管理计划"（Risk Management Program，RMP）制度，规定了 77 种有毒物质和 63 种易燃易爆物质，对需要报告的范围作出了相应规定，确定了需要提交风险管理计划的企业。生产、加工、储存这些化学物质的工厂需要制订风险管理计划，并提交给美国环保局。

1.2.2　英国环境风险管理发展历程

英国是最早系统研究重大危险源控制技术的国家。1974 年，英国弗利克斯巴勒（Flixborough）化工厂爆炸事故发生后，英国卫生与安全委员会设立了重大危险咨询委员会（ACMH），负责研究重大危险源辨识、评价技术，并提出重大危险源的控制措施。1976 年，英国卫生与安全管理局对坎威（Canvey）岛的工业设施危险性进行了评价。Canvey 岛有 7 座工厂，主要储存、运输、生产汽油和石油产品，储存约 1×10^5 kg 液化天然气，1.8×10^7 kg 石油产品。该研究分析了可能发生的 38 种主要事故，得出了该岛工业设施改善前后的风险。1979 年，应荷兰安全委员会（OVV）的要求，英国的 Cremer & Wamerr 公司和德国的 Battele 公司对英国里士满（Rijnmond）地区的 6 个工业设施进行了风险评价。英国政府 1982 年颁布了《关于报告处理危险物质设施的规程》；1984 年颁布了《重大工业事故控制规程》；1992 年颁布了《高危险化学品的过程安全管理》（OSHA），规定预防易燃易爆和有毒气体泄漏事故的发生；1999 年，颁布了《重大事故危险控制条例》（COMAH），明确了重大事故的管理要求。

1.2.3　欧盟国家环境风险发展历程

重大危险源的安全管理理念产生在欧洲，由于第二次世界大战后工业化进程的加快，使得涉及危险物质的重大事故频繁发生。这些事故的共同特征是：① 发生失控的偶然事件且后果严重，造成工厂内、外大批人员伤亡，或者造成大量的财产损失及环境损害；② 事故根源是设施或系统中储存或使用了大量易燃、易爆或有毒物质；③ 造成重大工业事故的可能性和严重程度既与危险物质的固有特性有关，又与设施中存在的危险物质数量有关。

1976 年，意大利塞维索（Seveso）ICMESA 厂发生有毒蒸气（二噁英）泄漏事故，厂区周围 8.5 hm² 范围内所有居民被迫迁走，1.5 km 内植物均被填埋，在数公顷土地上铲除了几厘米厚的表土层。当地居民产生热疹、头痛、腹泻和呕吐等症状，许多飞禽和动物被污染致死，事隔多年后，当地居民中畸形儿仍大为增加。由于 TCDD 已渗透到工业和生活中，难以防范，故这次事故发生后，引起了公众恐慌。此后，欧洲议会于 1982 年通过了重大事故控制法案——《工业活动中重大事故危险》即《塞维索法令 I》（Original Seveso Directive 82/501/EEC "Seveso I"），1996 年颁布了《塞维索法令 II》（96/82/EC）。2012 年欧盟的《塞维索法令III》（2012/18/EU），进一步明确并细化了对环境风险源的监管，以《塞维索法令》为代表的欧盟环境风险源监管成为欧盟环境风险监管的核心内容和关键环节。

《塞维索法令》提出了一整套完整的重大危险源辨识、评价、控制与应急等的思想。为实施《塞维索法令》，欧共体成员国纷纷颁布有关重大危险源控制规程。总体而言，《塞维索法令》构建了以欧盟统筹、政府领导、运营者负主要责任、公众广泛参与为主要特点，以预防监管、科学规划、信息交流、多方参与为主要内容，优势突出并行之有效的环境风险源监管制度框架，极大地提升了欧盟环境风险源的监管水平，为防范和化解环境风险事故发挥了规范引领作用。

1.2.4 我国环境风险评价发展历程

我国环境风险评价发展大体经历了 3 个阶段：① 20 世纪 30—60 年代，风险评价的萌芽阶段，以定性研究为主，主要采用毒物鉴定方法进行健康影响分析；② 70—80 年代，风险评价研究的高峰期，基本形成风险评价体系，主要以事故风险评价和健康风险评价为主；③ 90 年代以后，风险评价不断发展和完善，并逐步兴起生态风险评价的研究热点。

我国于 20 世纪 80 年代开始环境风险评价研究，以介绍国外理论为起点，以核设施运行环境风险为行业试点的开端；1989—1992 年，胡二邦主持完成了对秦山核电厂事故应急实时评价系统的研制，这是我国第一个比较完备的环境风险案例；1990 年，国家环境保护局发布《建设项目环境保护管理程序》，要求对重大环境污染事故隐患进行环境风险评价，我国具有重大环境污染事件隐患的建设项目环境影响报告普遍开展了环境风险评价；从 90 年代开始，我国的重大项目环境影响报告书中也普遍开展了环境风险评价，尤其是世界银行和亚洲开发银行贷款项目，要求环境影响报告书中必须含有环境风险评价的章节；1993 年，中国环境科学学会举办的"环境风险评价学术研讨会"首次探讨怎么在中国开展环境风险评价，同年国家环境保护局发布的《环境影响评价技术导则 总纲》（HJ/T 2.1—93）中规定，对于风险事故，在有必要也有条件时，应进行建设项目的环境风险评价或环境风险分析；2004 年，国家环境保护总局发布的《建设项目环境风险评价技术导则》（HJ/T 169—2004）规定，建设项目环境风险评价的目的、基本原则、内容、程序和方法，为建设项目环境风险评价提供了技术依据。

2005 年 11 月 13 日，中国石油集团吉林石化分公司双苯厂爆炸及造成松花江重大水环境污染事件为我国环境风险防范工作敲响了警钟。为防止此类事故再次发生，以及进一步防范化工石化建设项目环境风险，国家环境保护总局于 2005 年 12 月 16 日发布了《关于加强环境影响评价管理防范环境风险的通知》（环发〔2005〕152 号），特别对化工石化类项目的环境风险评价提出了更严格的要求，即"新建石化化工类建设项目及其他存在有毒有害物质的建设项目，必须进行环境风险评价"。

　　自"松花江事件"以来，我国陆续发生系列重大突发环境事件，引起了社会公众的广泛关注。管理政策、执行标准、公众认知等变化均对我国发展环境风险评价工作、提升风险管理水平起到了推动作用。为解决突出的环境风险问题，我国在建设项目环境风险评价、环境应急预案管理、重点行业环境风险检查与等级划分等方面做了许多工作。2014—2018 年，《企业突发环境事件风险评估指南（试行）》《企业突发环境事件风险分级方法》（HJ 941—2018）、《建设项目环境风险评价技术导则》（HJ 169—2018）发布，其中对环境风险评价工作程序进行调整，并补充大量技术资料性支撑附录，进一步提升环境风险评价科学性、规范性、实操性，成为环境风险评价工作开展的重要技术规范指引。

1.3　环境风险评价技术方法

　　风险是基于系统不确定性和后果的研究，需要先进的技术经验模型、大量分析数据以及系统管理工程作为基础。对复杂性强、危害性高的装置项目，一般先用定性方法筛选，后用定量法进行详细评价。环境风险评价采用分级分类的方法，不同的评价等级有不同的评价工作要求，评价工作要求又是评价方法选择的前提条件。评价方法的选择，以满足评价需要为前提，尽可能选择合理简单、易操作的评价方法，简化评价过程，降低由于主观因素造成的不确定性，保证评价结论的准确性。另外，环境风险是多因素综合评价的过程，需要全面、系统和综合评价各种可能涉及的风险危害和后果，需采用多种方法相结合，进行全方位分析，综合考虑各种评价分析方法的优缺点，互为补充对照，做到定性分析和定量评价有机结合，保证评价结果的全面性。

　　风险评价方法可分为定性和定量两大类。定性方法主要根据经验和直观判断能力得到风险评价结果。此方法容易理解，过程简单，由于往往依靠经验，带有一定的局限性，评价结果缺乏可比性。定量方法是运用数学模型对一些定量指标进行计算，得出评价结果。环境风险评价常用的事故分析方法有检查表法、预先危险性分析法、事件树或事故树分析法、模型预测法等，常用定性和定量相结合分析评价方法（如类比法、加权法、指数法等）。以下就环境风险评价中常用的技术方法予以梳理概述，给出每种方法存在的优势和局限性。

（1）检查表法（Check List）

该方法又称为安全检查表法（Safe Check List，SCL），以系统工程原理为基础，可以发现潜在危险的一种方法。采用评价人员、生产人员和操作人员"三结合"的方式进行，做到理论和实际相结合，还可与事故树分析法等结合使用，实现定性和定量分析统一，使用方便简单。

该方法的特点：简便易于掌握，但编制有难度且工作量较大。

（2）预先危险性分析法（Preliminary Hazard Analysis，PHA）

该方法是指在项目建设或投产前，对系统存在的危险作宏观概率分析或预评价。主要在项目选址阶段，用来分析、辨识可能出现或存在的危险源，并尽可能在项目实施之前找出预防、改正、补救措施，消除或控制危险源。

该方法的特点：简单方便，但是易受分析评价人员主观因素影响。

（3）危险性与可操作性研究法（HAZOP）

该方法是英国 ICI 公司开发的一种系统分析方法，审查设计或已有工厂的生产工艺和工程总图。评价因装置、设备的个别误操作或机械故障引起的潜在危险，以及对整个工厂的影响。由多人小组组成，采用头脑风暴法进行评价工作。

该方法的特点：定性方法，易受主观影响。

（4）事故树分析法（Fault Tree Analysis，FTA）

该方法是一种由结果到原因描述事故的有向逻辑演绎分析法，可对事故进行定性和定量分析。该方法的关键是做事故树图，通过布尔代数求取事故树的最小割集，进行重要度分析后，计算得到整个事故树的事件发生概率。

该方法的特点：复杂、工作量大、精确，事故树编制有误易失真。

（5）事件树分析法（Event Tree Analysis，ETA）

该方法是一种从原因到结果的自上而下的时序逻辑分析方法。按照事件发展的时序，分阶段对后继事件逐步进行分析，用树状图表示其可能产生的各种后果。以定性、定量方式表示整个事故变化及事故发生概率。该方法能确定事故概率，但无法给出风险值大小。

该方法的特点：简便、易行，主观因素影响小。

（6）道化学火灾、爆炸指数评价法（Dow's Fire & Explosion Index Hazard Classification Guide，简称 Dow's 法）

该方法是以火灾、爆炸指数来表征系统的危险性，Dow's 法是利用工艺过程中的物质、设备数据，通过逐步推算的方式，求出其火灾、爆炸潜在危险性，数据源自以往的事故统计和现行的经验数据。

该方法的特点：定性定量分析方法，整体宏观评价。

（7）ICI 蒙德评价法（MOND method）

该方法是英国帝国化学公司蒙德（MOND）部在道化法的基础上发展和扩充而成的，扩充了毒性指标，引进了"补偿系数"的概念，针对生产系统潜在危险性评估做了更加合理和系统的改进。

该方法的特点：方法成熟，并且被广泛应用在各个行业。

（8）层次分析法（Analytic Hierarchy Process，AHP）

该方法是一种将相互关联的要素按隶属关系划分为若干层次，利用数学方法综合调查获取各方面意见，给出各层次、各要素的相对重要性权重，进行综合分析的方法。目前常将模糊数学理论与层次分析法结合使用，即模糊层次综合评价法（FCE），通过元素间构造模糊一致性判断矩阵和矩阵求解，表示各元素的权重。

该方法的特点：评价过程复杂，易受不确定性因素影响。

（9）结果模拟法（又称模型预测法）

该方法是利用数学物理模型，选择适当的数值计算方法，对危险单元或系统进行模拟，预演事故发生过程及事故后果影响范围。提供一种直观化客观评价结果，采用合理的数学模型，依据现有的基础数据和相关事故参数，对风险事故可能造成的危害影响范围和后果进行模拟预测。不确定性因素处理关系到模拟评价结果的精确程度。

该方法的特点：客观准确，主观影响小，易受不确定性影响。

（10）蒙特卡罗法（又称统计试验方法）

该方法是针对历史统计数据充分、具有较强可控规律的各类风险，在排序时通过该方法构建风险排序评估模型。其基本思想是将所求风险变量作为某一特征随机变量，通过某一给定分布规律特征的大量随机数值，解算出相应统计量。

该方法的特点：客观准确，对基础数据要求较高，计算方法复杂。

（11）风险矩阵法

该方法是比较风险评价中风险排序环节常用的一种定性和定量相结合的方法。比较风险评价（CRA）最早由美国环保局提出，通过对各类环境问题的风险开展分析比较，对不同类型环境问题的风险进行优先排序，实现对重要环境因素的优先管理。而风险排序通常是在识别风险排序影响因子的基础上，对风险大小及管控优先程度进行定量、半定量或定性判别的具体手段。近年来，国内外众多学者在"风险排序"理论研究与实践应用中给出了较为一致的解析，其核心思想是对风险概率和风险影响集成效应的量化评估。

风险矩阵法是依据风险定义的二维影响因子来判定危险有害因素分级的方法，该方法依据事故发生的可能性和后果严重度，针对各种不同类型（如人员失误、设备故障）的危险有害因素进行分级，同时兼顾人员伤亡和设备损坏等方面的危险后果。

在《企业突发环境事件环境风险分级方法》中，企业的环境风险等级评价采用的是风险矩阵法。《建设项目环境风险评价技术导则》（HJ 169—2018）对建设项目环境风险潜势的初判也采用了风险矩阵法，在实际调研和应用中整体反响较好。

定性和定量相结合，既兼顾了环境风险评价的不确定性、复杂性，也考虑了方法的实用性、可操作性。

在此基础上，环境风险评价工作流程一般涉及源项分析（风险源辨析）、后果分析（风险预测）、风险表征和风险管理。针对每一环节，通常情况下存在不同的评价方法。检查表法常用于风险识别阶段，用来确定危险因素、风险类型。概率评价法用于风险识别、源项分析阶段，可确定危险因素、风险类型、风险概率。事件树或事故树是风险评价的重点，确定风险事件概率，危险源的判识及后续预测评价。模型预测法常用于后果分析，如大气污染物迁移扩散预测模型 SLAB、AFTOX；水污染物扩散预测模型 Mikell、EFDC 等。由于环境风险存在不确定性、复杂性、模糊性和综合性，对于风险源辨识和风险评价需多种方法结合使用，才能完成对风险因素和风险源从定性到定量化的分析。

1.4 环境风险评价的难点

由于环境风险评价本身就是一项预见性、系统性的工作，受人们主观认识事物的限制，在各个环节都具有一定的模糊性、不确定性和综合性。环境风险评价中的不确定性，是其最主要特征，不仅是一种科学的限制，而且是对各种自然过程多变和混杂形态的认知。

其中既存在客观原因也存在主观原因。客观原因包括：① 自然现象的复杂性、多变性和随机性，风险发生的机制复杂性和不确定性；② 许多风险危害后果具有潜伏性，许多污染因子的致害性要在环境中潜伏相当长时间后才逐渐爆发出来；③ 环境风险研究的发展较晚，致使有关信息和数据资料的积累有限，使得环境风险评价中缺乏基础数据资料的支持，造成环境风险评价结果的不确定；④ 各行业的风险事故情形存在较大差异，对环境风险界定不完全一致。主观原因包括：①环境风险评价工作者知识水平和专业技能的限制；②在选用模型评价时，模型选择不合适，模型参数不准确造成评价不确定；③参数的不确定性是指在定义模型参数时，环境风险评价模型本身时间和空间的平均化，使得参数不符合直接观测资料或测量数据；④由于公众思想道德观念、风险承载力以及地区社会经济能力等影响，缺乏风险标准。

环境风险评价相关技术和方法是在实践积累中不断完善的，我国的环境风险评价工作起步较晚，需通过更多持续性的基础研究来不断完善环境风险评价基础数据和技术方法，使得环境风险评价更具科学性和可操作性。

参考文献

[1] 张丛. 环境评价教程[M]. 北京：中国环境科学出版社，2002.

[2] Victor Y. Haines. Understanding reactions to safety incentives[M]. US Journal of Safety Resaerch, 2001.

[3] 许榕，马苏华，陈桂岚. 环境风险评价概述[J]. 江苏环境科技，1996（3）：14-16.

[4] 王一玲. 化工企业环境风险评价方法的探讨[D]. 呼和浩特：内蒙古大学，2009.

[5] 李伟东. 石化企业环境风险评价与安全评价的相关性研究[D]. 青岛：中国石油大学，2006.

[6] 刘友. 化工企业环境风险评价和管理的研究[D]. 淮南：安徽理工大学，2014.

[7] 刘桂友，徐琳瑜. 一种区域环境风险评价方法——信息扩散法[J]. 环境科学学报，2007，27（9）：1549-1556.

[8] 王俭，路冰，等. 环境风险评价研究进展[J]. 环境保护与循环经济，2017，12：33-38.

[9] 潘长波，徐龙龙. 基于模糊故障树的煤矿区环境风险评价体系[J]. 甘肃科学学报，2016，28（1）：132-137.

[10] 朱惠琴，席磊，郭梅修，等. 基于信息扩散法的区域规划环境风险评价方法探讨[J]. 环境科学与管理，2011，36（9）：159-163.

[11] 王小群，张兴荣. 工业企业常用安全评价方法概述[J]. 铁道劳动安全卫生与环保，2003，30（2）：90-92.

[12] 王亚男，李磊. 突发性环境污染事故风险的模糊综合评价[J]. 统计与决策，2011（19）：46-49.

[13] 张殿旭. 故障树法在环境风险评价中的应用[J]. 油气田地面工程，2012，31（4）：23-24.

[14] 袁业畅，何飞，李燕，等. 环境风险评价综述及案例研讨[J]. 环境科学与技术，2013，36（6L）：455-463.

[15] 郭爱洪、刘灵灵，陆启宣. 安全检查表在安全评价中的地位、作用及应用[J]. 化工安全与环境，2005，18（28）：16-17.

[16] 杨晓军，郭智. 预先危险性分析法在化工生产中的应用[J]. 现代职业安全，2004（8）：40-41.

[17] 何琨，吴德荣，毕雄飞，等. 乙烯装置公用设施的危险性与可操作性（HAZOP）研究[J]. 炼油技术与工程，2004，34（3）：54-59.

[18] 左东红，贡凯青. 安全系统工程[M]. 北京：化学工业出版社，2004.

[19] 于慧源. 事件树原理及其应用中的几个问题[J]. 工业安全与防尘，1994（3）：18-22.

[20] 杜瑞兵，曹雄，胡双启. 道化学法在安全评价中的应用[J]. 科技情报开发与经济，2005，15（9）：166-167.

[21] 国家安全生产管理监督局. 安全评价[M]. 北京：煤炭工业出版社，2003.

[22] 樊彦芳，刘凌，陈星. 层次分析法在水环境安全综合评价中的应用[J]. 河海大学学报（自然科学版），2004，32（5）：512-514.

[23] 陈永宁. 层次分析法在农业可持续发展生态环境[J]. 安徽地质，2004，14（1）：47-51.

[24] 潘旭海，蒋军成. 模拟评价方法及其在安全与环境评价中的应用[J]. 工业安全与环保，2001，27（9）：27-31.

[25] 徐青，何华刚，魏可可. 基于蒙特卡罗法的建筑施工落物风险分级及控制研究[J]. 工业安全与环保，2017，43（4）：23-25.

[26] 周烨. 基于风险矩阵法的待遣出境人员安全风险评价机制研究[J]. 上海公安高等专科学校学报，2018（2）：156-159.

[27] 毕军，马宗. 我国环境风险管理的现状与重点[J]. 环境保护，2017，45（5）：13-19.

[28] 英国帝国化学公司. 蒙德部火灾、爆炸、毒性指数评价法[M]. 英国：英国帝国化学公司，1991.

[29] 任贵红，谢飞，等. 催化裂化装置的消防安全措施对安全性的作用分析与研究[J]. 中国安全生产科学技术，2012，8（11）：138-144.

第2章　建设项目环境风险评价技术路线

　　建设项目环境风险评价是我国环境风险源头预防的重要技术管理手段，根据《中华人民共和国环境影响评价法》《建设项目环境保护管理条例》等法律法规和管理制度要求，我国新建或拟建具有重大环境污染事故隐患的建设项目应开展环境风险评价。2004 年，《建设项目环境风险评价技术导则》（HJ/T 169—2004）发布，对建设项目环境影响评价的程序、要求、方法等作出了规范性规定，但总体上偏于原则。此后，陆续发生了松花江重大水污染事件、天津港"8·12"特别重大火灾爆炸事故、响水"3·21"特别重大爆炸事故等一系列环境重大突发事件，引发了公众的极大关注，国家也陆续发布了一系列旨在加强环境风险防控的政策文件。为适应环境影响评价改革、环保发展新要求和环境风险防控新形势，2016 年，环境保护部启动风险导则修订工作，HJ 169—2018 替代 HJ/T 169—2004，用以规范、指导现行建设项目的环境风险评价工作。

2.1　总体评价思路

　　我国的环境风险评价发展历经 30 余年，但基础较为薄弱，在以往的风险评价技术中普遍存在：① 评价方法不统一，环境风险评价尺度难以规范；② 环境风险评价模型复杂多样，其规范性和适用性不足；③ 缺少各行业环境风险基础数据，使得后果计算和环境风险分析得不到定量化、科学化评价；④ 环境风险管理目标及事故风险防范措施不明确，环境风险防控的针对性和有效性有待加强等问题。

　　针对以上建设项目环境风险评价存在的主要问题，结合新的环境风险防控形势的要求，着重于优化调整环境风险评价工作程序，改进环境风险评价工作等级判定方法，区分于建设项目环境风险评价过程中的安全分析方面内容，重点强化对环境问题的分析和指导，充分引入实践检验中有效的、先进的风险管理方法、分析技术、防控措施，突出与国际风险评价标准、方法的接轨，通过风险潜势初判，提高风险特征的预判能力、强化风险识别的针对性、风险预测的科学性、风险防控的有效性，着力提升环境风险评价的科学性和规范指导能力。

2.1.1　环境风险评价的主线

一般而言，风险事故的发生主要是由危险物质在生产、使用、储运环节中出现泄漏、火灾、爆炸等造成的影响所致。建设项目环境风险评价的总体思路以危险物质环境急性损害防控为主线，对建设项目的环境风险进行后果分析、预测和评估，提出环境风险预防、控制、减缓措施，明确环境风险监控及应急建议要求，为建设项目环境风险防控提供科学依据。

2.1.2　环境风险评价的相关概念理解

（1）环境风险

"环境风险"包含"环境"与"风险"两个方面。因"环境"和"风险"的概念具有较复杂的层面，"环境风险"的概念在很多领域被使用，但是含义又各不相同。"环境风险"具有宽泛性的特点，在不同的时空尺度界定下，其评价方法差异性很大。为便于规范统一，在此界定的"环境风险"是指建设项目在正常运营或施工过程中，突发性事故对环境造成的危害程度及可能性。建设项目在正常运营情况下对环境的危害，是建设项目环境影响评价要解决的问题，突发性事故产生的环境危害是环境风险评价专题要讨论的问题。通过建设项目环境风险评价对潜在的风险进行分析，不可能完全规避环境风险，是对潜在的事故源、环境危害途径、可能影响的范围进行讨论，以提出有效预防、控制、减缓建设项目环境风险危害程度的措施。

（2）环境风险潜势

考虑到传统意义上的环境风险评价量化表征所需基础数据、指标体系在国内现有社会经济技术发展水平上存在较大差距，结合对建设项目潜在环境风险水平的影响分析，提出环境风险潜势的概念。环境风险潜势是对建设项目潜在环境危害程度的概化分析表达，是基于建设项目涉及的物质和工艺系统危险性及其所在地环境敏感程度的综合表征。该概念是对建设项目潜在环境危害程度的表征，是初判建设项目环境风险的量化分级指标。

（3）风险源

风险源是指存在物质或能量意外释放，并可能产生环境危害的源。风险源是风险的载体，是指在一定触发因素作用下可能引发环境风险的源。风险源的实质是具有潜在风险的源点或部位，是危险物质、能量集中的核心。风险源存在于确定的系统中，不同的系统范围，风险源的范畴也不同。例如，对于危险行业（如石油、化工等）来说，具体的一个企业（如炼油厂）就是一个风险源。而对于一个企业来说，可能某个车间、仓库就是风险源；对于一个车间系统来说，可能某台设备就是风险源。

（4）危险物质

危险物质是指具有易燃易爆、有毒有害等特性，会对环境造成危害的物质。在泄漏、火灾、爆炸等条件下危险物质的释放会对公众或环境造成损害、污染。危险物质的合理选取要基于化学物质理化特性数据库及历史突发环境事故案例数据库。

（5）危险单元

危险单元是指由一个或多个风险源构成的具有相对独立功能的单元，事故状况下应可实现与其他功能单元的分割。危险单元是指整体中自为一组或自成系统的独立单位，是整个系统的一部分。因此，危险单元是由一个或多个风险源构成的，具有相对独立功能的单元，如一套生产装置、一个环保设施或一个储罐区。每一个危险单元要有边界和特定的功能，在事故状况下可实现与其他功能单元的分割。当几个（套）生产装置或单元在事故情况下不能实现分割时，应视作一个危险单元。

（6）最大可信事故

由于风险存在不确定性，基于经验统计分析，在一定可能性区间内发生的事故中，造成环境危害最严重的事故即最大可信事故。最大可信事故包含事故情形设定中代表性事故，其具备两个基本特征：可信特征是指事故发生具备一定的可能性水平；最大特征是指事故导致的环境后果影响显著。最大可信事故的设定可为后续预测评价提供初始事故场景和源强基础信息。

（7）大气毒性终点浓度值

大气毒性终点浓度值即大气环境风险评价标准。大气毒性终点浓度不同于正常状态下的环境质量浓度，特指短期急性接触的空气浓度标准，即人员短期暴露可能会导致出现健康影响或死亡的大气污染物浓度，用于判断大气环境风险的影响程度。

2.2   环境风险评价技术路线

开展建设项目环境风险评价重点在强化对环境问题的分析和指导，通过对项目的危险性及周边环境敏感性程度的分析，形成对其固有风险潜势的合理判断，对低风险、中风险、高风险开展分级、分类管理，评价工作中重点关注危险物质临界量确定、环境风险分级、环境风险表征、环境风险防控等环节，以强化风险识别的针对性、风险预测的科学性、风险防控的有效性。环境风险评价工作流程如图 2-1 所示。

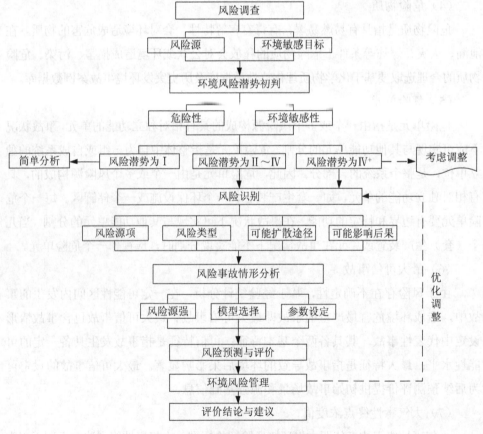

图 2-1   环境风险评价工作流程

（1）环境风险评价基础工作

针对建设项目风险源和环境敏感目标开展包括危险物质数量和分布、可能影响途径、环境敏感目标分布在内的环境风险调查。基于风险调查，对建设项目涉及的物质和工艺系统的危险性及其所在地的环境敏感程度，开展环境风险潜势初判。概化分析建设项目潜在环境风险，判断各环境要素的风险潜势等级，明确建设项目环境风险评价工作等级。

根据环境风险潜势初判，将建设项目潜在环境风险由低到高划分为 I ～Ⅳ⁺。对于极高环境风险水平（风险潜势为Ⅳ⁺）的建设项目可考虑优化调整选址、工艺方案等降低其固有环境风险，也可开展详细深入评价；对于低风险水平（风险潜势为 I ）的建设项目可进行简单分析，简化环境风险评价工作。对于中风险和高风险水平（风险潜势为Ⅱ～Ⅳ）的建设项目按各自评价等级要求开展环境风险评价工作。

（2）环境风险评价预测分析

针对建设项目物质危险性、生产系统特征以及可能的环境影响途径进行风险识别，明确风险源项、风险类型、环境影响可能扩散途径以及可能的影响后果，为风险事故情形分析及事故源强确定提供基础。

在风险识别的基础上，选择对环境影响较大且涉及的危险物质、环境危害、影响途径等方面具有代表性的事故类型，综合风险事故情形发生可能性，设定风险事故情形。在此基础上，合理估算事故源强，选择适合设定情形的模型并设定参数，为事故后果预测提供分析模拟情形。

筛选合适的预测模型，选择合理的预测评价标准，开展大气、地表水、地下水各要素的风险预测及分析。根据各要素的预测结果，分析说明建设项目环境风险的危害范围与程度。采用后果分析、概率分析方法开展定性、定量评价，以明确环境风险防范的基本要求。

（3）环境风险管理

基于环境风险预测与评价结果，提出科学有效的环境风险防范措施，提出突发环境事件应急预案编制原则要求，采用最低合理可行原则管控环境风险。当建设项目不符合环境风险管理目标时，可在重新优化调整项目的基础上开展环境风险评价工作。

（4）环境风险总体评价结论

综合环境风险评价专题工作，从项目危险因素、环境敏感性及环境风险事故影响、环境风险防范措施和应急预案等方面进行整体、全面概括，得出环境风险评价的总体结论与建议。

2.3　关于风险评价的几点说明

经过多年的探索研究，我国建设项目环境风险评价工作技术体系逐步建立。采用对项目的固有危险性和项目所在地的环境敏感程度识别对建设项目风险潜势进行初判，确定风险评价工作的等级、技术内容和深度，进一步完善了从风险识别、风险事故情形分析到风险预测与评价的工作程序，明确了事故情形设定原则、方法，在风险识别及预测分析的基础上提出风险管理对策措施，给出总体结论和建议，辅以技术资料性支撑附录，有力提升了风险评价导则的科学性、实用性。但由于"风险"一词涵盖范围广，对风险理解认知的差异，在开展建设项目环境风险评价过程中，应关注以下几点。

（1）环境风险

环境风险有广义及狭义之分。从广义上来说，人类的各种开发行动所引发环境系统状态的偏移变化均可纳入环境风险研究的范畴，其关注的保护目标对象、分析方法、判断标准均有很大差异。根据我国的环境影响评价技术体系架构，所指风险主要考虑事故状况下出现急性伤害风险的情形，这与美国的风险管理工作概念及重点一致。对于人体健康风险、生态风险、土壤风险等以长期性及累积性效应为主的影响评价，列入人体健康、生态、土壤环境影响评价中统筹考虑。

建设项目的环境风险事件通常是由意外事故引发的，应首先从安全评价的角度做好项目本质安全设计及管理，在此基础上针对可能的环境风险影响进行识别、分析、预测，做好环境风险的防控管理。

（2）环境风险不确定性问题

由于事故触发因素具有不确定性，因此风险事故情形的设定并不能包含全部可能的环境风险，但通过代表性的事故情形分析可为风险管理提供技术支持。风险评价重点关注了环境风险防范措施的确定。具体建设项目结合其行业特点和风险源项分析，确定具有针对性的环境风险防范措施，以建立健全风险防控体系，达到防控环境风险的目标。

基于风险的不确定性特征，实际发生的环境事件与预测后果会存在差异，但通过科学的技术分析设定的风险防范措施可起到有效预防或减缓环境事件后果影响的作用。

（3）特定行业环境风险评价问题

在环境影响评价技术体系架构中建设项目环境风险评价专题未按行业设置，尽管不同行业类别之间的差异较大，但从风险事故的发生考虑，主要是由于危险物质在生产、使用、储运环节中出现的泄漏、火灾、爆炸等造成的影响所致。建设项目环境风险评价以危险物质环境急性损害防控为主线，从风险识别、分析、预测、防控等方面提出相应技术思路和方法，HJ 169—2018 中规定的一般性原则对特定行业环境风险评价也具有基础性的指导作用。

同时，考虑到不同行业环境风险的特异性，应进一步规范其环境风险评价技术和管理工作，特定行业针对性的技术方法出台可共同推进完善建设项目环境风险评价体系。

总体而言，我国的环境风险评价基础工作较薄弱，还需要进一步深入推进相关基础科学研究，为具体项目环境影响评价工作提供理论和技术支撑，如对危险物质筛选、最大可信事故的设定、对环境的危害、环境风险预测模型、环境风险表征等方面，还需通过更多持续性的基础研究来不断完善环境风险导则资料性参考附录中的数据和技术方法，使得环境风险评价更具科学性和可操作性。

第 3 章　风险调查

3.1　风险调查的概念

　　风险调查是开展风险评价的前期基础，包括对建设项目风险源和环境敏感目标调查识别。

　　建设项目风险源调查是通过已有同类项目的对比、资料收集、现场调查等方法对存在风险的源项进行调查。了解掌握建设项目危险物质数量和分布情况，基于对应重点危险物质的安全技术说明书（MSDS）等资料对危险物质的相态、相对密度、沸点、熔点、闪点、毒理学信息、健康危害、环境危害等内容进行汇总表述，通过对项目可行性研究、设计及同类装置已运行的资料文件的收集，对照现行有效的法律法规及政策性文件，初步厘清生产工艺特点。

　　环境敏感目标调查是根据危险物质可能的影响途径，明确周边环境敏感目标，可结合评价范围内的环境敏感目标给出叠加项目底图后的区位分布图，列出大气风险、地表水风险、地下水风险等的名称、方位、属性、保护类别表，初步了解周边环境的敏感特征。

3.2　建设项目风险源调查

3.2.1　MSDS

　　安全技术说明书（Safety Data Sheet，SDS）是风险调查中使用的重要技术资料，也称为危险物质安全技术说明书（Material Safety Data Sheet，MSDS）。该说明书是关于化学品燃爆、毒性和环境危害以及安全使用、泄漏应急处置、主要理化参数、法律法规等方面信息的综合性文件。最早由经济合作与发展组织（OECD）负责制定化学品对人体健康与环境之危害分类标准，联合国危险货物运输专家委员会（UNCETDG）负责制定化学品物理性安全标准，其后国际劳工组织（ILO）根据上述两个标准制定标示及分类方式的全球统一制度。《危险物质安全技术说明书》，也称为《化学品安全技术说明书》，是我国危险化学品在生产、使用、储存、运输、经营、废弃等环节全过程危害控制、安全管理、危险化学品安全事故应急救援方面的重要参考数据库。

《危险物质安全技术说明书》共包括 16 部分内容：化学品标识、成分与组成信息、危险性概述、急救措施、消防措施、泄漏应急处理、操作处置与储存、接触控制与个体防护、理化特性、稳定性和反应活性、毒理学资料、生态学资料、废弃处理、运输信息、法规信息、其他信息，共同构成各类物质危险性质的全过程分析。基于理化性质和毒理学性质，可识别分析危险物质易燃易爆、有毒有害特性，了解外观与性状、pH、熔点、沸点、相对密度、相对蒸气密度、饱和蒸气压、燃烧热、临界温度、临界压力、辛醇-水分配系数、闪点、引燃温度、爆炸下限、爆炸上限、溶解性、主要用途和环境风险相关的急性毒性特征。

欧盟已经实行 SDS 制度，供应商应随化学品向用户提供 SDS，作为向用户提供的一种服务。在我国实际化学品生产、销售过程中，一些企业要求供应商提供 MSDS 作为其供应化学品的附录文件，其具体样式由企业方自行编写。企业的 MSDS 样例如图 3-1 所示。

3.2.2 物质、工艺资料收集

物质危险性识别范围包括主要原材料、辅助材料、燃料、中间产品、最终产品以及发生次生灾害产生的污染物等。

（1）有毒有害物质资料收集

有毒有害物质识别涉及的法律规定和相关文件包括《职业性接触毒物危害程度分级》（GBZ 230—2010）、《易制毒化学品管理条例》（2018 年修订）、《高毒物品名录》（2003 年版）、我国经选择的优先登记的有毒化学品名单、我国潜在有毒化学品的优先登记名单等。

MATERIAL SAFETY DATA SHEET

PRODUCT

AQUAMAX EC3379A

EMERGENCY TELEPHONE NUMBER(S)
(800) 424-9300 (24 Hours)   CHEMTREC

1.   CHEMICAL PRODUCT AND COMPANY IDENTIFICATION

PRODUCT NAME :   AQUAMAX EC3375A

APPLICATION :   DEMULSIFIER

COMPANY IDENTIFICATION :   Nalco Energy Services, L.P.
                            P.O. Box 87
                            Sugar Land, Texas
                            77487-0087

EMERGENCY TELEPHONE NUMBER(S) : (800) 424-9300 (24 Hours)   CHEMTREC

NFPA 704/HMIS RATING
HEALTH : 3/3   FLAMMABILITY : 2/2   INSTABILITY :   0/0   OTHER :
0 = Insignificant   1 = Slight   2 = Moderate   3 = High   4 = Extreme

2.   COMPOSITION/INFORMATION ON INGREDIENTS

Our hazard evaluation has identified the following chemical substance(s) as hazardous. Consult Section 15 for the
nature of the hazard(s).

Hazardous Substance(s)	CAS NO	% (w/w)
Methanol	67-56-1	10.0 - 30.0

3.   HAZARDS IDENTIFICATION

"EMERGENCY OVERVIEW"

DANGER
Toxic by inhalation, in contact with skin and if swallowed. Combustible. Contains methanol. Methanol may cause
central nervous system effects or permanent vision damage if inhaled, swallowed or absorbed through the skin in
large amounts.
Keep away from heat. Keep away from sources of ignition - No smoking. Keep container tightly closed. Do not gel
in eyes, on skin, on clothing. Do not take internally. Avoid breathing vapor. Use with adequate ventilation. In case
of contact with eyes, rinse immediately with plenty of water and seek medical advice. After contact with skin, wash
immediately with plenty of water.
Wear suitable protective clothing.
Combustible Liquid; may form combustible mixtures at or above the flash point. Empty product containers may
contain product residue. Do not pressurize, cut, heat, weld, or expose containers to flame or other sources of
ignition. May evolve oxides of carbon (COx) under fire conditions. May evolve oxides of nitrogen (NOx) under fire
conditions.

PRIMARY ROUTES OF EXPOSURE :
Eye, Skin, Inhalation

Nalco Energy Services, L.P. P.O. Box 87 - Sugar Land, Texas 77487-0087
(281)263-7000
1 / 10

MATERIAL SAFETY DATA SHEET

PRODUCT

AQUAMAX EC3379A

EMERGENCY TELEPHONE NUMBER(S)
(800) 424-9300 (24 Hours)   CHEMTREC

HYGIENE RECOMMENDATIONS :
Use good work and personal hygiene practices to avoid exposure. Keep an eye wash fountain available. Keep a
safety shower available. If clothing is contaminated, remove clothing and thoroughly wash the affected area.
Launder contaminated clothing before reuse. Always wash thoroughly after handling chemicals. When handling this
product never eat, drink or smoke.

9.   PHYSICAL AND CHEMICAL PROPERTIES

PHYSICAL STATE   Liquid

APPEARANCE   Amber Clear

ODOR   Amine

SPECIFIC GRAVITY   0.9925 @ 60 °F / 15.6 °C
DENSITY   8.25 lb/gal
SOLUBILITY IN WATER Miscible
VOC CONTENT   20.0 % Calculated

Note: These physical properties are typical values for this product and are subject to change.

10.   STABILITY AND REACTIVITY

STABILITY :
Stable under normal conditions.

HAZARDOUS POLYMERIZATION :
Hazardous polymerization will not occur.

CONDITIONS TO AVOID :
Heat and sources of ignition including static discharges.

MATERIALS TO AVOID :
Contact with strong oxidizers (e.g. chlorine, peroxides, chromates, nitric acid, perchlorate, concentrated oxygen,
permanganate) may generate heat, fires, explosions and/or toxic vapors.

HAZARDOUS DECOMPOSITION PRODUCTS :
Under fire conditions :   Oxides of carbon, Oxides of nitrogen

11.   TOXICOLOGICAL INFORMATION

No toxicity studies have been conducted on this product.

SENSITIZATION :
This product is not expected to be a sensitizer.

Nalco Energy Services, L.P. P.O. Box 87 - Sugar Land, Texas 77487-0087
(281)263-7000
8 / 10

化学品安全技术说明书

EC3071B
工艺稳定剂

第一部分   化学品及企业标识

化学品中文名称 ：   EC3071B (工艺稳定剂)

化学品英文名称 ：   EC3071B (PROCESS ANTIFOULANT)

企业名称   ：   纳尔科工业服务 (苏州) 有限公司

地址   ：   江苏省苏州高新技术产业开发区塔园路 88 号

邮编码   ：   215009

传真号码   ：   (86-512) 68250130

企业应急电话   ：   (86-512) 68255001

生效日期   ：   2003 年 12 月 1 日

国家应急电话   ：   (86-532) 3089090；(86-532) 3089191

第二部分   成分/组成信息

纯品 □   混合物 ☒

化学品中文名称 ：   二甲苯、异丁醇、乙苯、取代的烷基苯酚

有害物成分

有害物名称	CAS号 (化学文摘号)	含量 (%, w/w)
二甲苯	1330-20-7	30.0 - 60.0%
乙苯	100-41-4	10.0 - 30.0%
2,6-双丁基-6-甲基苯酚	128-37-0	10.0 - 30.0%
异丁醇	70-53-1	1.0 - 5.0%

第三部分   危险性概述

主要侵入途径 ： 眼睛接触、经皮摄入。

纳尔科工业服务 (苏州) 有限公司   *   江苏省苏州市塔园路 88 号 (215009)
电话：(86-512) 6825-5001   *   传真：(86-512) 6825-0130

PAGE 1 OF 6

化学品安全技术说明书

EC3071B
工艺稳定剂

手部防护   ：   佩戴防渗透手套，如：PVA 等。

其他防护   ：   现场设备有洗眼器和安全淋浴器，若衣物受污染，脱下彻底清洗后
               方可使用。

第九部分   理化特性

外观与性状   ：   澄清，黄色液体。

水中溶解度   ：   不溶解。

比重   ：   0.89 @ 15.6℃

沸点   ：   135.9 ℃

粘度   ：   1 cst @ 38 ℃

            0.75 cst @ 66 ℃

熔点   ：   -51 ℃

闪点   ：   27 ℃ (PMCC)

蒸气压   ：   1.86 KPa @ 37.8 ℃

注：以上数据仅为产品的一般值，详细数据请参考各批产品的质量检测报告 (OOA)。

第十部分   稳定性和反应性

稳定性   ：   通常情况下稳定。

禁配物   ：   与强氧化剂(如氯气、过氧化物、铬酸盐、硝酸、高氯酸盐及氧气等)
               接触会发热、起火、爆炸及放出有毒气体。

避免接触的条件 ： 热源及包括静电在内的可燃源。

聚合危害   ：   不能发生。

分解产物   ：   碳氧化物(CO2)。

纳尔科工业服务 (苏州) 有限公司   *   江苏省苏州市塔园路 88 号 (215009)
电话：(86-512) 6825-5001   *   传真：(86-512) 6825-0130

PAGE 4 OF 6

图 3-1   企业 MSDS 样例

（2）生产装置资料收集

生产装置风险识别涉及的法律规定文件包括《首批重点监管的危险化工工艺目录》《国家安全监管总局关于公布第二批重点监管危险化工工艺目录和调整首批重点监管危险化工工艺中部分典型工艺的通知》（安监总管三〔2013〕3 号）、《重点监管危险化工工艺目录》（2013 完整版）。

（3）工艺管网风险资料收集

工艺管道输送的介质毒性和腐蚀性较高，若在耐压强度、密封性和耐腐蚀性等方面设计不合理均可能造成管道穿孔、破裂，导致有毒物质泄漏，从而引发环境污染事故。

（4）储运设施风险资料收集

储罐存储介质大部分具有毒害性及易燃/可燃性，一旦发生事故后果严重，危害较大。在生产运行中存在着设备失修、误操作等原因导致设备泄漏，以及由于静电积聚、设备失修、管道接口/阀门/机泵等泄漏、误操作和明火引起火灾爆炸事故的可能性。

（5）其他情形资料收集

在发生火灾爆炸事故情况下，主要气态伴生/次生危害物质为烃类及其他易燃物质燃烧、不完全燃烧所产生的浓烟、CO、SO_2 等有毒有害气体以及大量的碳氢化合物。主要液态伴生/次生危害物质为泄漏的有毒有害物料及火灾爆炸事故扑救过程中产生的消防废水。

储罐区环境风险类型主要是有毒有害危险物质泄漏对环境造成的直接污染，以及火灾、爆炸等引发的伴生/次生污染物排放对环境的次生/伴生污染。事故发生后，污染物可能通过扩散、下渗、地表径流、地下径流污染周围环境。

（6）其他可行性研究报告、设计文件、经典化工工艺资料收集

详见第 5 章建设项目风险识别。

3.3 环境敏感目标

3.3.1 环境敏感目标资料收集

环境敏感目标资料收集主要包括资料收集和实地调查。

（1）评价范围内各专题敏感目标相关基础信息资料

大气环境风险保护目标主要是评价范围内的居住区、医疗卫生、文化教育、科研等机构。根据大气评价范围坐标，收集当地的行政区划图等专题图件或结合公开地图网站查询，初步梳理出评价范围内的环境敏感目标名称、类型及坐标。

地表水环境敏感目标可通过收集分析当地的水系分布图、临近项目的参考资料、政府网专题图件及相关文件，梳理排放点下游（顺水方向）10 km 范围内、近岸海域一个潮周期水质点可能达到的最大水平距离的 2 倍范围内集中式地表水、饮用水水源保护区（包括一级保护区、二级保护区及准保护区）、农村及分散式饮用水水源保护区、自然保护区、重要湿地、珍稀濒危野生动植物天然集中分布区、重要水生生物的自然产卵场及索饵场、越冬场和洄游通道、世界文化和自然遗产地、红树林珊瑚礁等滨海湿地生态系统、珍稀濒危海洋生物的天然集中分布区、海洋特别保护区、海上自然保护区、盐场保护区、海水浴场、海洋自然历史遗迹、风景名胜区，水产养殖区、天然渔场，以及其他特殊重要保护区域。

通过对地下水环境风险保护目标进行梳理，主要为集中式饮用水水源（包括已建成的在用、备用、应急水源，在建和规划的饮用水水源）准保护区及准保护区以外的补给径流区，除集中式饮用水水源以外的国家或地方政府设定的与地下水环境相关的其他保护区（如热水、矿泉水、温泉等特殊地下水资源保护区），未划定准保护区的集中式饮用水水源及其保护区以外的补给径流区，分散式饮用水水源地，特殊地下水资源（如热水、矿泉水、温泉等）保护区以外的分布区等相关的环境敏感区等。

（2）现场调查与核实

根据第一步初步识别出来的敏感目标信息，开展现场调查和核实，更新相关信息。大气、地表水、地下水专题的敏感目标，可根据前期收集的资料，形成相应的数字化专题图。

3.3.2　环境敏感目标图

（1）数据处理

根据敏感目标的类型、可获得的地理信息，将敏感目标数字化，生成点、线、面矢量文件。建立矢量文件对应的属性表，主要包括敏感目标名称、类型、保护对象、保护等级等基础信息。将数字化后的敏感目标，与项目厂界、评价范围及区域遥感影像进行矢量叠加。

（2）专题制图

制作专题图以准确、清晰地反映评价范围内的敏感目标信息。环境敏感目标分布图的图名、比例尺、方向标、图例、注记、制图数据源等应符合规范要求。

3.3.3　环境敏感目标表

采用现场调查、收集资料等方法，梳理大气风险、地表水风险、地下水风险等的名称、方位、属性、保护类别列表，若涉及具体居民点的应调查给出具体的影响人口数量和户数。

在环境空气方面，收集梳理环境敏感目标名称、相对方位、距离、属性、人口数列表，并根据大气环境敏感程度分级，区分建设项目 5 km 范围内、500 m 范围内及管线输送项目 200 m 范围内的人口数。地表水方面应明确地表水环境功能区、24 h 流经范围、10 km 内敏感目标、水质目标、环境敏感特征进行区分。对地下水环境风险中的环境敏感区、环境敏感特征、水质目标、包气带防污性能、厂区边界距离进行描述。建设项目各环境要素的环境敏感特征示例如表 3-1 所示。

表 3-1 建设项目环境敏感特征示例

类别	环境敏感特征						
环境空气	厂址周边 5 km 范围内						
	序号	敏感目标名称			相对方位	距离/km	属性	人口数/人
	1	行政村	自然村	具体细化的名称	S	5.0	居住区	195
				××分散居民点	SE	4.7	居住区	174
	厂址周边 500 m 范围内人口数小计							20
	厂址周边 5 km 范围内人口数小计							2 185
	大气环境敏感程度 E 值							E_3
地表水	受纳水体						
	序号	受纳水体名称	排放点水域环境功能			24 h 内流经范围/km		
	1	××	IV			15		
	内陆水体排放点下游 10 km 范围内敏感目标						
	序号	敏感目标名称	环境敏感特征		水质目标		与排放点距离/m	
	1	××	较敏感		III		8 000	
	地表水环境敏感程度 E 值							E_2
地下水	序号	环境敏感区名称	环境敏感特征	水质目标	包气带防污性能	与厂区边界距离/m	
	1	××水源地	较敏感 G2	III类	D1	5 980	
	2	tc1（分散饮用水井）	较敏感 G2	III类	D1	1 990	
	3	……	……	……	……	……	
	4	项目场地及周边第四系孔隙水和白垩系裂隙孔隙水					
	地下水环境敏感程度 E 值						E_1

参考文献

[1] 黄如兰. 如何编写符合欧盟规定的安全技术说明书[J]. 广东化工，2012，39（13）：51-52.

[2] 张海峰. 危险化学品安全技术全书[M]. 北京：化学工业出版社，2008.

第4章 风险潜势初判

4.1 风险潜势理论概述

概率风险评价中将环境风险以风险值定量化表征，定义为

$$风险值\left(\frac{后果}{时间}\right) = 概率\left(\frac{事故数}{单位时间}\right) \times 危害程度\left(\frac{后果}{每次事故}\right) \tag{4-1}$$

建设项目环境风险是否低于同行业可接受风险水平作为风险评价的参考标准。由于目前我国仍缺少行业风险水平参考标准值和个人风险、社会风险等环境风险基础数据，对建设项目环境风险定量化表征的技术难度很大，也难以规范统一。此外，考虑环境风险的复杂性，采用单一风险值计算方法很难反映不同环境因素在分级评估中的影响。基于目前环境风险管理的实际需求，对建设项目环境风险评价重在基于风险分析提出风险防范措施。

基于建设项目涉及的物质和工艺系统危险性及其所在地环境敏感程度，综合表征建设项目在未采取风险防控措施的情况下潜在的、固有的环境危害程度，建设项目环境风险评价提出"环境风险潜势"概念，以此客观反映建设项目固有的环境风险水平，并据此开展建设项目环境风险的分级分类评价。

环境风险潜势重在构建风险矩阵。风险矩阵法（Risk Matrix Method，RMM）是一种通过对危险发生的可能性和伤害的严重程度构造矩阵，实现对风险等级大小综合评价的定性分析方法，常用于风险因素分析。该方法概念清晰、使用方便、评价结果简洁易懂，有利于风险管理工作的开展，是一种有效的风险管理工具。

风险矩阵法在进行风险因素分析过程中，核心思想为：以"风险发生的影响程度""风险发生的概率"这两个要素确定另一个要素"风险重要性等级"，构造

矩阵或建立一种函数关系，确定风险等级。具体来看，在进行风险评价时，首先应确定系统中存在的危险有害因素以及可能导致的危险事件，可根据实际需要将系统中危险事件发生的可能性和危险事件发生后的严重程度进行相对定性分级，根据系统实际情况以及实际经验确定危险事件的可能性等级和危险事件发生后的严重度等级；根据危险事件的可能性和严重度等级，从制定的风险矩阵表中可得到危险事件的风险等级。

风险矩阵形式多样，在应用过程中，根据各影响因素的作用和所涉及的风险管理环节，制定适合的矩阵形式，绘制风险矩阵图，进行风险等级划分。风险分级的目的是按照管理优先级，关注系统中显著的、重大的风险，对系统风险水平初判。在风险矩阵图中，如果风险事件处于红色区域，属于高等级风险，评价中需要高度关注，优先分配管理资源，积极提高风险管理水平，改善风险管理效果。黄色区域，属于中等级风险，评价中需根据风险特征，采取相应防控措施、合理配备管理资源，保证风险管理的效果；处于绿色区域，为低等级风险，应明确基本防控措施要求。

4.2　环境风险潜势划分及确定

建设项目环境风险水平主要由项目涉及危险物质生产、使用、贮运中的危险性和项目对周围环境可能造成影响后果的严重程度两方面因素影响，因此结合事故情形下的环境影响途径，从危险物质数量与临界量比值（Q）、行业及生产工艺（M）、环境敏感程度（E）3方面因素统筹考虑，采用环境风险分级矩阵的方法，对建设项目在未采取环境风险防范措施的前提下固有的环境风险水平进行概化分析，为建设项目环境风险评价工作重点、工作等级划分、风险防控措施建议提供依据和技术支撑。

危险物质数量与临界量比值（Q）定量表征了危险物质的危险性；行业及生产工艺（M）评估了建设项目在生产过程中的环境风险控制水平。二者决定了建设项目潜在的、固有的环境风险水平。构造Q-M判断矩阵，可定量化表征危险物质及工艺系统危险性（P）。

建设项目环境风险水平受危险物质及工艺系统不同的危险性与不同的环境

敏感程度影响，危险物质及工艺系统危险性（P）与环境敏感程度（E）决定了建设项目环境风险潜势，构造 P-E 风险判断矩阵，定量化表征建设项目环境风险水平。

环境风险潜势判断矩阵纵向为环境敏感程度（E），分别定义为环境高度敏感区（E_1）、环境中度敏感区（E_2）、环境低度敏感区（E_3）3 个级别。横向为危险物质及工艺系统危险性（P），分别定义为极高危害（P_1）、高度危害（P_2）、中度危害（P_3）、轻度危害（P_4）4 个级别。建设项目风险潜势矩阵判断的原则是危险物质及工艺系统危险性越高，企业周边环境受体敏感性越高，则建设项目风险级别越高。按照分级矩阵，绘制风险矩阵图，将企业环境风险潜势分不同的等级，并分别用不同的颜色表征。

建设项目环境风险潜势初判矩阵结构如图 4-1 所示。

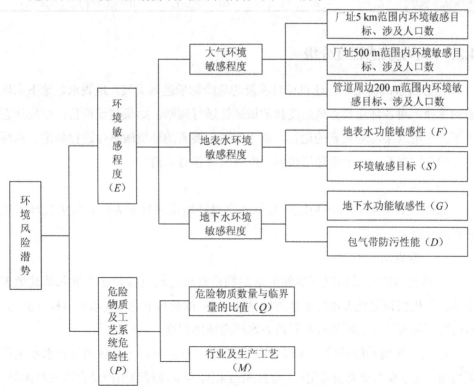

图 4-1 建设项目环境风险潜势初判矩阵结构

构造危险物质及工艺系统危险性（P）及环境敏感程度（E）风险矩阵，绘制风险潜势风险矩阵表。其中，IV⁺区域代表建设项目环境风险潜势极高；IV区域代表建设项目环境风险潜势高；III区域代表建设项目环境风险潜势较高；II区域代表建设项目环境风险潜势一般水平；I区域代表建设项目环境风险潜势较低，具体见表 4-1。

表 4-1　环境风险潜势矩阵

环境敏感程度（E）	危险物质及工艺系统危险性（P）			
	极高危害（P_1）	高度危害（P_2）	中度危害（P_3）	轻度危害（P_4）
环境高度敏感区（E_1）	IV⁺	IV	III	III
环境中度敏感区（E_2）	IV	III	III	II
环境低度敏感区（E_3）	III	III	II	I

4.2.1　环境敏感程度分级

在分析事故情形下，建设项目涉及的危险物质进入大气、地表水、地下水环境的途径，对各环境要素风险受体的敏感性进行判断。如果建设项目在事故状态下不存在进入某环境要素的途径，则不需对该要素的环境敏感性进行判定。从环境保护角度来看，各要素环境敏感程度分级取相对高值。

（1）大气

根据建设项目周围环境敏感目标本身对环境敏感性和人口数将大气环境敏感程度分级。

（2）地表水

一旦在风险事故情况下泄漏的危险物质有可能通过各种途径进入某处地表水体，则根据该处地表水环境功能敏感性（F）以及其下游环境敏感目标（S）分布情况采用矩阵法判断建设项目地表水环境敏感程度。

地表水环境功能敏感性（F）按照两方面进行判断：一是按照地表水水域环境功能，或海水水质类别确定；二是按照污染团 24 h 流经范围内是否涉及跨国界、省界判断。

环境敏感目标（S）按照发生风险事故时，危险物质泄漏到内陆水体的排放点下游（顺水流向）10 km 范围内、近岸海域一个潮周期水质点可能达到的最大水平距离的两倍范围内环境敏感目标分布情况确定。

（3）地下水

地下水环境敏感程度按照地下水功能敏感性（G）与包气带防污性能（D），采用矩阵法进行判断。

地下水功能敏感性（G）与建设项目所在区域地下水的使用功能、地下水环境敏感保护目标分布情况有关。地下水环境敏感保护目标为《建设项目环境影响评价分类管理名录》中界定的涉及地下水的环境敏感区。

包气带防污性能（D）按照包气带岩土的渗透性能分级，根据包气带的渗透性及其连续、稳定性判定分为三级。

当同一建设项目涉及两个敏感性分区或包气带防污性能分级及以上时，本着尽可能保护地下水资源的原则，环境敏感程度 E 取相对高值。

各环境要素环境敏感程度 E 的分级可参照 HJ 169—2018 相关分类附表。

4.2.2　危险物质及工艺系统危险性等级判断（$Q/M/P$）

危险物质及工艺系统危险性（P）的分级是通过定量分析企业生产、加工、使用、存储过程中所涉及的危险物质数量与其临界量的比值（Q），评估行业及生产工艺（M）的危险性按照矩阵法进行划分。即构造 Q 和 M 的判断矩阵，表征危险物质及工艺系统危险性（P）。

企业化学物质识别与分级指标量化（Q）借鉴《危险化学品重大危险源辨识》《企业突发环境事件风险评估指南（试行）》、欧盟《塞维索指令》、美国《化学品事故防范法规》等相关法规，计算比值 Q 并确定 $Q \geq 1$ 的分级为 $Q \geq 100$、$10 \leq Q < 100$、$1 \leq Q < 10$ 共 3 个区间。当 $Q < 1$ 时，该项目环境风险潜势直接判定为 I。

生产工艺/设施危险性（M）主要考虑涉及高温、高压生产工艺和易燃易爆物质的项目风险性高，由安全生产事故引发次生环境事件的可能性高。但是各行各业生产工艺技术差别很大，无法一概而论。针对行业的生产特点，生产工艺危险性评估与分级指标量化借鉴《企业突发环境事件风险评估指南（试行）》，对具有多套工艺单元的企业，每套生产工艺分别评分并求和。企业生产工艺最高分值为 20 分，超过 20 分则按最高分计。不同的行业 M 分级为 $M > 20$、$10 < M \leq 20$、$5 < M \leq 10$、

$M \leqslant 5$ 共 4 个级别。

危险物质及工艺系统危险性（P）等级判断矩阵纵向为危险物质数量与临界量比值（Q）区间，分别是 $Q \geqslant 100$、$10 \leqslant Q < 100$、$1 \leqslant Q < 10$，分别定义为 Q_3、Q_2、Q_1。横向判断标准为所采取的生产工艺（M），分别是 $M > 20$、$10 < M \leqslant 20$、$5 < M \leqslant 10$、$M \leqslant 5$，分别以 M_1、M_2、M_3 和 M_4 表示。分级评估矩阵设计的原则为 Q 和 M 分值越高，则 P 越高。将 P 划分为 P_1（极度危害）、P_2（高度危害）、P_3（中度危害）和 P_4（轻度危害），绘制风险矩阵表。其中 P_1 区域代表危险物质及工艺系统危险性等级高；P_2 区域代表危险物质及工艺系统危险性等级较高；P_3 区域代表危险物质及工艺系统危险性等级一般水平；P_4 区域代表危险物质及工艺系统危险性等级较低，详见表 4-2。

表 4-2　危险物质及工艺系统危险性等级判断（P）

危险物质数量与临界量比值（Q）	行业及生产工艺（M）			
	M_1	M_2	M_3	M_4
$Q > 100$	P_1	P_1	P_2	P_3
$10 \leqslant Q < 100$	P_1	P_2	P_3	P_4
$1 \leqslant Q < 10$	P_2	P_3	P_4	P_4

4.2.3　风险潜势案例分析

风险潜势确定

[例] 某新建化工项目主要建设内容包括：主体工程为新建 1 套氧化装置及 1 套加氢装置，储运工程包括新建苯、甲苯储罐，以及配套的公用工程设施。经估算，危险物质的厂内最大存量分别为：苯 1 000 t，甲苯 800 t。厂址 5 km 范围内分布有居民约 1.5 万人，500 m 范围内分布有居民 1 200 人。项目废水经污水处理站处理后，排入某条河流，排污口处水环境功能为Ⅳ类，厂址下游 10 km 范围内无环境敏感目标。

（1）确定危险物质及工艺系统危险性（P）分级

参照 HJ 169—2018 附录 B，苯和甲苯的临界量为 10 t，则该项目危险物质数量与临界量比值（Q）按式（4-2）计算，结果为 180。

$$Q = \frac{q_{甲苯}}{Q_{甲苯}} + \frac{q_{苯}}{Q_{苯}} = \frac{800}{10} + \frac{1\,000}{10} = 180 \qquad (4\text{-}2)$$

该化工项目建设 1 套氧化装置和 1 套加氢装置，则其生产工艺危险性 $M=20$，可以 M_2 表示。

根据危险物质数量与临界量比值（Q）和行业及生产工艺（M），按照 HJ 169—2018 附录 C 表 C.2 确定危险物质及工艺系统危险性等级为 P_1。

（2）确定环境敏感程度（E）分级

根据 HJ 169—2018 附录 D 表 D.1 判断，该项目厂址 500 m 范围内分布有居民 1 200 人，则其大气环境敏感程度分级为 E_1。根据 HJ 169—2018 附录 D 表 D.2 判断，其地表水环境敏感程度分级为 E_3。根据上述分析，该项目环境敏感程度按照等级高的要素进行判断，确定为 E_1。

（3）确定该项目环境风险潜势等级

根据 HJ 169—2018 表 2 所列的危险物质及工艺系统危险性（P）和环境敏感程度（E）的矩阵进行判断，该项目环境风险潜势等级确定为 IV$^+$，属于极高环境风险，项目的整体环境风险评价工作等级为一级。

（4）确定各环境要素风险预测与评价内容

在环境风险潜势初判、风险识别、风险事故情形分析的基础上开展各要素的环境风险预测与评价内容。

根据上述分析，该项目的大气环境敏感程度分级为 E_1，其对应的环境风险潜势等级为 IV$^+$，符合大气要素一级评价要求。该项目地表水环境敏感程度分级为 E_3，其对应的环境风险潜势等级为 III，符合地表水要素二级评价要求。

第5章　建设项目风险识别

5.1　风险识别的概念

风险是发生危险事件或有害暴露的可能性，与引发危害后果的严重性的组合。HJ 169—2018 中将环境风险定义为突发性事故对环境造成的危害程度及可能性。

风险识别就是采用系统工程的方法和理论，辨识、分析建设项目各系统或单元中存在的风险源或事故隐患，为进一步采取风险防范措施提供依据。

危险物质和能量的存在是发生事故的根本原因，风险源是指一个系统中具有潜在能量和危险物质释放的设备、设施或场所等，它的实质是具有潜在危险的源或部位，是能量和危险物质的载体。在环境风险评价中，将风险源定义为存在危险物质或能量意外释放，并可能产生环境危害的源。

一个建设项目一般是由若干个相对独立、相互联系的部分组成，各部分的功能、含有的危险物质、危险性和有害性均不尽相同。当各部分之间有明确的分隔界限时，可作为一个独立的"单元"，如装置及设施之间有切断阀时，以切断阀作为分隔界限划分为独立的单元，或者以储罐区防火堤为界限划分为独立的单元。在环境风险评价中，将危险单元定义为由一个或多个风险源构成的具有相对独立功能的单元，事故状况下应可实现与其他功能单元的分隔。

5.2　风险识别的原则与特点

风险识别是环境风险评价的基础，是进行风险分析和风险控制的首要步骤，识别的全面与否和深度直接影响评价结果的优劣和措施的针对性。

　　风险识别要遵循系统性和完整性的原则，系统性就是要根据建设项目性质和特点，全面系统地考察、分析系统各要素（危险物质、风险源、危险单元）之间的有机联系和相互作用，完整性要求识别的内容不仅要包括物质危险性识别、生产系统危险性识别，还应包括环境风险类型、环境影响途径以及可能受影响的环境敏感目标识别。

　　存在危险物质和危险物质失去控制是危险因素转换为事故的根本原因。因此，风险识别应从危险物质分析入手，根据危险物质存在的特点，同时考虑工艺条件、操作环境、危险故障状态等因素，识别危险物质转化为事故的触发条件和可能导致的风险事故类型，同时还应分析危险物质暴露至环境的可能性以及环境受体被危险因素影响的可能性，形成源—途径—受体（$S\text{-}P\text{-}R$）的风险识别技术路线。

5.3　风险识别的方法

　　在开展风险识别工作前，首先应进行资料收集和准备工作，包括收集危险物质的安全技术说明书（MSDS）、建设项目工程资料（平面布置图、工艺流程图、工艺介质数据表、设备台账等）、环境保护目标（地理位置、服务功能、四至范围、保护要求等），以及国内外同行业、同类型事故统计分析及典型事故案例资料、设备失效统计数据，并查询相关法律法规、标准规范。

　　（1）物质危险性识别

　　在进行物质危险性识别时，应根据物质的 MSDS 分析其危险、有害特性，再对照国家有关危险物质（危险化学品）管控的相关法律法规、标准规范等辨识物质的危险性类别和危害程度。危险物质的理化特性、火灾爆炸特性以及有毒有害特性应以表格的方式列出（表 5-1）。

表 5-1　危险物质特性示例

序号	名称	相态	相对密度	沸点/℃	熔点/℃	闪点/℃	自燃点/℃	爆炸极限/%	饱和蒸气压/kPa	毒理学信息	健康危害	环境危害

（2）生产系统危险性识别

在进行生产系统危险性识别时，可按以下步骤进行。

第一步：划分危险单元。

根据建设项目的生产特点、装置特征、物质特性和总平面布置情况划分危险单元，绘制危险单元分布图。

在划分危险单元时，可按系统的功能进行划分，如炼油厂按馏分、催化重整、催化裂化、加氢裂化等工艺装置和原料罐区、产品罐区等储罐区可划分为不同的危险单元。危险单元也可按储存、处理危险物质的毒性和数量划分，如一个储存区域内（如危险品库）储存不同危险物质，为了能够识别其相对危险性，可作不同单元处理。根据以往事故资料，将发生事故波及范围广、造成巨大损失和伤害的关键设备可作为一个单元。

第二步：识别危险单元内的风险源。

按照每个危险单元的生产工艺流程，分析其工艺危险性、关键控制点、薄弱环节和事故易发部位，识别单元中所有风险源并列出清单，分析每个风险源的危险特征，包括设备类型、操作条件、危险物质的状态及最大存在量等，还需要分析危险物质是否有向环境转移的途径。

常见的风险源包括反应器、泵、压缩机、换热器、精馏塔、搅拌器、储罐、仓库、装卸臂、装卸鹤管、工艺管线等，应根据不同的行业特点进行具体分析。

第三步：筛选确定重点风险源。

一个危险单元内可能存在多个风险源，而每个风险源的危险特性和危险程度又不尽相同，在环境风险评价中无须对所有风险源进行预测分析，应采用定性或定量的评价方法，筛选出危险性较大、风险等级较高的风险源作为评价重点，为风险预测分析提供数据。

环境风险评价风险源识别与安全评价的角度类同。因此，环境风险评价可以借鉴和参考安全评价的分析方法进行风险识别、源强计算和风险预测分析。例如，环境风险评价可以运用事故树分析法、概率理论分析法等确定事故发生的概率；运用类比法、火灾爆炸指数法、危险度评价法等进行重点风险源的筛选；运用气体泄漏模型、液体泄漏模型进行事故源强计算等。

（3）环境风险类型及危害分析

容器泄漏后受周边环境、气象条件等限制可能会导致不同的后果。①泄漏物是易燃、易爆的气态物质时，泄漏后遇点火源会发生喷射火或闪火；泄漏后扩散形成爆炸性混合物，遇点火源会发生蒸气云爆炸。②泄漏物是易燃、易爆的液态物质时，泄漏后遇点火源会发生喷射火或闪火；泄漏后在界面（地面、水面）上扩散，遇点火源会发生池火等。③泄漏物是有毒有害物质时，泄漏后会造成毒性伤害。

对于火灾、爆炸事故，人们往往更关注事故的直接影响，即火灾热辐射和爆炸冲击波导致的人员伤害和财产损失，忽略火灾、爆炸事故中未完全燃烧的危险物质以及燃烧过程中产生伴生和次生物质对环境的影响。火灾、爆炸事故的直接影响是安全评价的关注重点和评价范畴，而火灾、爆炸事故引发的次生环境危害，是环境风险评价应该关注的内容。因此，环境风险类型应包括危险物质泄漏，以及火灾、爆炸等引发的伴生/次生污染物排放。

5.4　建设项目风险识别内容及重点

风险识别的范围应包括危险物质和生产系统的识别、危险物质扩散途径的识别，以及可能受影响的环境敏感目标的识别。

物质危险性识别除了要关注主要原辅材料、燃料、中间产品、副产品、最终产品的危险性，还应关注污染物、火灾和爆炸伴生/次生物的危险性。

生产系统危险性识别，包括主要生产装置、储运设施、公用工程和辅助生产设施，以及环境保护设施等。

5.4.1　建设项目危险物质识别

在环境风险评价中，评价的对象一般是危险物质。危险物质是指具有易燃易爆、有毒有害等特性，会对环境造成危害的物质。在实际生产中，许多物质不仅是可燃的，而且是有毒的，发生火灾爆炸事故时，会使大量有毒物质外泄、造成人员中毒和环境污染。此外，有些物质本身毒性不强，但燃烧过程中可能释放出大量有毒气体和烟雾，造成人员中毒和环境污染。

目前，国内外对于危险物质没有统一的定义，也没有统一的管理标准和方法。以下对国内外危险物质（危险化学品）的管理情况作简要介绍。

（1）我国危险化学品的分类管理

《危险化学品安全管理条例》中将危险化学品定义为"具有毒害、腐蚀、爆炸、燃烧、助燃等性质，对人体、设施、环境具有危害的剧毒化学品和其他化学品"。根据联合国《全球化学品统一分类和标签制度》（Globally Harmonized System of Classification and Labelling of Chemicals，GHS），我国制定了《化学品分类和标签规范》GB 30000 系列国家标准，确立了化学品危险性 28 类的分类体系，并于 2005 年出台了《危险化学品目录（2015 版）》，收录有 2 828 种物质（序号 2828 是类属条目）被列为危险化学品。其中，148 种危险化学品属于剧毒化学品。

《危险化学品重大危险源辨识》（GB 18218—2018）中表 1 规定了 85 种危险化学品的临界量，表 2 按健康危害和物理危险给出了急性毒性、爆炸物、易燃气体、气溶胶、氧化性气体、易燃液体、自反应物质和混合物、有机过氧化物、自燃液体和自燃固体、氧化性固体和液体、易燃固体、遇水放出易燃气体的物质和混合物 12 类危险化学品的临界量。

2017 年，环境保护部与工业和信息化部、卫生计生委联合发布的《优先控制化学品名录（第一批）》，将 1,2,4-三氯苯、1,3-丁二烯、二氯甲烷、镉及镉化合物、汞及汞化合物、甲醛、萘、铅及铅化合物、三氯甲烷等 22 种（类）化学品列为第一批优先控制化学品。2020 年，生态环境部与工业和信息化部、卫生健康委联合发布的《优先控制化学品名录（第二批）》，将 1,1-二氯乙烯、1,2-二氯丙烷、2,4-二硝基甲苯、苯、多环芳烃类物质、甲苯、邻甲苯胺、氯苯类物质等 18 种（类）化学品列为第二批优先控制化学品。

2019 年，生态环境部与卫生健康委联合发布了《有毒有害水污染物名录（第一批）》和《有毒有害大气污染物名录（2018 年）》。《有毒有害水污染物名录（第一批）》规定了二氯甲烷、三氯甲烷、三氯乙烯、四氯乙烯、甲醛、镉及镉化合物、汞及汞化合物、六价铬化合物、铅及铅化合物等 10 种有毒有害水污染物；《有毒有害大气污染物名录（2018 年）》规定了二氯甲烷、甲醛、三氯甲烷、三氯乙烯、四氯乙烯、乙醛、镉及其化合物、铬及其化合物、汞及其化合物、铅及其化合物、砷及其化合物 11 种有毒有害大气污染物。

（2）国外危险化学品的分类管理

①美国

美国环保局（EPA）根据《清洁空气法修正案》第 112（r）节的要求，发布了使用某些危险物质的设施的化学事故预防法规和指南，这些法规和指南包含在风险管理计划（RMP）规则中。RMP 规则共列出 258 种受管制物质清单及其临界量，要求使用受管制有毒或易燃物质的设施为防止意外泄漏应制订风险管理计划，并将该计划提交给 EPA。风险管理计划必须每 5 年修订一次并重新提交给 EPA。

美国联邦法规 40 CFR 68《化学事故防范法规》（Chemical Accident Prevention Provisions）列出了 140 种需预防意外释放的毒性及易燃性物质清单（77 种有毒物质和 63 种易燃物质）及其临界量，以及 77 种有毒物质的毒性终点浓度，要求处置、生产、使用、储存物质的量超过毒性及易燃性物质清单中规定的临界量，则需要开展厂外结果分析。

②欧盟

欧盟对危险化学品重大事故的管理主要以《塞维索指令》为基础，《塞维索指令》于 1996 年、2003 年和 2012 年经历了 3 次修订，形成了现行版本的《塞维索指令Ⅲ》（2012/18/EU）。《塞维索指令Ⅲ》附件一第一部分给出了由塞维索危险类别识别的 48 种（类）危险物质清单，附件一第二部分涵盖了一组特定的命名危险物质，由化学文摘社（CAS）编号确定。

③加拿大

1999 年，加拿大颁布的《环境保护法》（CEPA1999）是其重要的化学控制法。为了贯彻实行《环境保护法》，2003 年 8 月，加拿大颁布了《环境应急条例》，并于 2011 年颁布了《环境应急条例》实施准则，在该准则中，共规定了 215 种化学品物质及对其组分浓度与物质数量清单，清单分为 3 个部分：第一部分规定了 80 种化学物质，主要考虑的是可能爆炸的物质；第二部分规定了 101 种化学物质，主要考虑吸入后对身体有害的物质；第三部分规定了 34 种其他有害化学物质，主要考虑了重金属类化合物及壬基酚类等内分泌干扰物。

（3）环境风险评价重点关注的危险物质

HJ 169—2018 中重点关注的危险物质清单及临界量主要来源于《企业突然环境事件风险分级方法》中附录 A "突发环境事件风险物质及临界量清单"，并基于建设项目环境风险评价的要求进行部分筛选。该清单对风险物质的筛选过程主要参考了美国 RMP 所列的大部分物质，同时还从 EPA 的《化学事故防范法规》、欧盟的《塞维索指令》和加拿大的《环境应急条例》，以及我国颁布的《危险化学品重大危险源辨识》《化学品环境风险防控"十二五"规划》（"十二五"重点防控化学品名单）、《中国石油化工集团公司水体环境风险防控要点（试行）》"中国石化部分危险物质表"，以及历史环境事件中出现的污染物（包含重金属）中选取部分环境风险物质增加到清单中。

5.4.2　建设项目风险危险单元识别

在进行生产系统风险识别时，可针对行业的特点，参考行业制定的安全标准、规程进行分析、识别。例如，原劳动部曾会同有关部委制定了冶金、电子、化学、机械、石油化工、轻工、纺织、建筑、水泥、制浆造纸、平板玻璃等一系列安全规程、规定，可根据这些规程、规定，对被评价对象可能存在的危险物质、危险单元和风险源进行分析和辨识。

环境风险评价重点关注的是突发性事故造成的环境影响，因此，在生产系统风险识别过程中应重点分析单元中风险源和危险物质的存在条件是否有导致危险物质和能量释放的触发因素，危险物质和能量一旦意外释放是否有向环境转移的途径，是否会造成环境影响等。

（1）生产单元风险识别

生产单元的危险性是由所处理的物料以及操作条件决定的。当处理易燃气体时要防止爆炸性混合物的形成。特别是负压状态下的操作，要防止混入空气而形成爆炸性混合物。当处理易燃固体或可燃固体物料时，要防止形成爆炸性粉尘混合物。当处理含有不稳定物质的物料时，要防止不稳定物质的积聚或浓缩。

典型的生产单元是各行业中具有典型特点的基本过程或基本单元，如化工生产过程的氧化还原、硝化、电解、聚合、催化、裂化、氯化、磺化、重氮化、烷基化等；石油化工生产过程的催化裂化、加氢裂化、加氢精制乙烯、氯乙烯、丙烯腈、聚氯乙烯等；电力生产过程中的煤粉制备系统、锅炉燃烧系统、锅炉热力系统、锅炉水处理系统、锅炉压力循环系统、汽轮机系统、发电机系统等。原国家安全监管总局发布的《重点监管危险化工工艺目录》将光气及光气化工艺、电解工艺（氯碱）、氯化工艺、硝化工艺、合成氨工艺、裂解（裂化）工艺、氟化工艺、加氢工艺、重氮化工艺、氧化工艺、过氧化工艺、胺基化工艺、磺化工艺、聚合工艺、烷基化工艺、新型煤化工工艺、电石生产工艺、偶氮化工艺 18 个化工工艺列为危险化工工艺，可根据该目录中各危险化工工艺的重点监控单元、工艺危险特点、重点监控工艺参数，结合操作介质的危险性进行危险单元和风险源识别分析。

1）以化工、石油化工为例，工艺过程的危险性可按以下几种情况识别：

① 存在不稳定物质的工艺过程，这些不稳定物质有原料、中间产物、副产物品、添加物或杂质等；② 放热的化学反应过程；③ 含有易燃物料而且在高温、高压下运行的工艺过程；④ 含有易燃物料且在冷冻状况下运行的工艺过程；⑤ 在爆炸极限范围内或接近爆炸性混合物的工艺过程；⑥ 有剧毒、高毒物料存在的工艺过程；⑦ 储有压力能量较大的工艺过程。

2）对于一般的工艺过程可以按以下原则进行识别：

① 能使危险有害物质的防护状态遭到破坏或者损害的工艺；② 工艺过程参数（如反应的温度、压力、浓度、流量等）难以严格控制并可能引发事故的工艺；③ 工艺过程参数与环境参数具有很大差异，系统内部或系统与环境之间在能量的控制方面处于严重不平衡状态的工艺；④ 一旦防护失效，会引起或极易引起大量危险有害物质积聚的工艺和生产环境；⑤ 由于工艺布置不合理较易引发事故的工艺；⑥ 物质混合容易产生危险的工艺或者有使危险物品出现配伍、禁忌可能性的工艺；⑦ 其他危险工艺。

（2）储运单元风险识别

在生产过程中，各种液体或气体物料需要暂时停留、存放、缓冲或备用，根据生产需要会配置各种类型的储罐，容积小的有几立方米，大的有 10 万 m^3，按用途分为原料罐、成品罐、中间罐等。

储罐的型式有卧式和立式、地上式和地下式；按建造类型有拱顶罐、外浮顶罐、内浮顶罐、球形罐等。

1）拱顶罐

拱顶罐为立式圆筒形储罐，由罐底、罐壁、罐顶及相应配件组成。罐顶钢板厚度为 4～4.5 mm，拱顶的球面曲率半径为 0.8～1.25 倍储罐内径。罐底作为不承载构件，直接在铺沥青砂的油罐基础上铺钢板和焊接，罐壁是油罐的主要受力构件，由多层圈板拼成，下层圈板用较厚钢板（如 5 000 m³ 拱顶罐最下圈板厚为 12 mm），向上还圈减薄。单罐容积大于 2 000 m³ 的可在拱顶内面加方格肋条来加强。储存凝点较高的油品时，罐体外要做保温，在罐体内设蒸汽加热盘管。罐体下部设有人孔和清扫孔。对挥发性强的油品在罐顶设呼吸阀。

2）外浮顶罐

对储存挥发性油品如汽油、原油等，应采用浮顶罐。如果储存在一般油罐内，液面上面有一个气体空间，随着气温变化油品蒸汽从呼吸阀逸出，在装罐、倒罐或加温时，造成的蒸发损失更大。例如，一座 1 万 m³ 拱顶罐储存汽油，蒸发损失一年达 500 t。而采用浮顶罐，浮顶始终贴近液面，基本上没有了蒸发空间，可降低蒸发损失 85%以上。外浮顶罐的结构就是将罐顶用钢板制成可以随液面上下起落的浮船式的浮顶，浮顶与罐壁之间有机械密封或软密封，浮顶上面并设有转动浮梯及泡沫消防设施等。外浮顶罐一般均为大型油罐，单罐容积 1 万～10 万 m³。

3）内浮顶罐

在拱顶罐内增加一个浮盘，适用于 1 万 m³ 以下储存挥发性油品，内浮顶结构比较简单，常用的有钢制浮盘式和铝制浮筒式两种形式。浮顶与罐壁间有软密封。

4）球形罐

球形罐是储存液化烃类常用的压力储罐。球形罐如同足球一样，是由若干块弧形壳板拼装而成，整个球体架在若干根立柱上。球形罐的容积由 50 m³（直径 46 m）～5 000 m³（直径 21.2 m）。使用压力 1～3 MPa。

储罐区较常见的事故类型为泄漏事故和火灾爆炸事故。泄漏事故处理不当或处理不及时，随时都有可能转化为火灾爆炸事故，而储罐发生火灾爆炸事故时，有害燃烧产物往往会造成环境污染事故。

燃烧产物通常指燃烧生成的气体、热量、可见烟等。燃烧生成的气体一般指一氧化碳、氰化氢、二氧化碳、氯化氢、二氧化硫等。大多数物质的燃烧是一种放热的化学氧化过程，从这种过程放出的能量以热量的形式表现，形成热气的对流与辐射，热量对人体具有明显的物理伤害。燃烧或热解作用所产生的悬浮在大气中可见的固体和（或）液体颗粒总称为烟，其颗粒直径一般为 $0.01 \sim 10\ \mu m$。这种含碳物质中大多数物质是在火灾中不完全燃烧所生成的。动物试验结果显示，浓度为 $2\ 300 \sim 5\ 700\ mg/m^3$ 的一氧化碳能致受试小白鼠全部死亡，$100 \sim 120\ mg/m^3$ 浓度的氰化氢气体就能致受试大白鼠全部死亡。对于人类来说，$11\ 000 \sim 12\ 000\ mg/m^3$ 浓度的一氧化碳就会很快使人停止呼吸而死亡，$150\ mg/m^3$ 浓度的氰化氢即可使人立即死亡。

（3）公辅及环保设施风险识别

公用工程、辅助设施和环保设施是一个工厂必不可少的组成部分，这些设施、场所常用到硫酸、盐酸、硝酸、烧碱、纯碱、液氨、氨水等化学药剂以及天然气等燃料气，因此其环境风险问题也应引起关注。

例如，2009 年 7 月，广汉市万福磷肥厂因工人操作不当发生轻微硫酸泄漏导致附近农作物损毁，保险公司认定责任后向受损农民支付了 8 000 元赔款。2013 年 3 月 1 日，辽宁省朝阳市建平县洪燊商贸有限公司 2 号硫酸储罐发生爆裂，并导致 1 号储罐下部连接管法兰断裂，导致两罐约 2.6 万 t 硫酸全部溢出，造成 7 人死亡，2 人受伤，溢出的硫酸流入附近农田、河床及高速公路涵洞，引发较严重的次生环境灾害，造成直接经济损失 1 210 万元。2016 年 11 月 8 日，山东省淄博市周村嘉周热电有限公司脱硫脱硝装置氨水罐发生爆炸事故，造成 5 人死亡，6 人受伤，直接经济损失约为 1 000 万元。

5.4.3　环境影响途径识别

环境影响途径即危险物质达到或影响环境风险受体的通道。因此，在进行环境影响途径识别前，应先梳理分析可能受影响的环境风险受体（环境敏感目标）及其特征、保护要求等。《建设项目环境影响评价分类管理名录》中所称环境敏感区是指依法设立的各级、各类保护区域和对建设项目产生的环境影响特别敏感的区域，主要包括生态保护红线范围内或范围外的区域：① 自然保护区、风景名胜区、世界文化和自然遗产地、海洋特别保护区、饮用水水源保护区；② 基本农田保护区、基本草原、森林公园、地质公园、重要湿地、天然林、野生动物重要栖息地、重点保护野生植物生长繁殖地、重要水生生物的自然产卵场、索饵场、越冬场和洄游通道、天然渔场、水土流失重点防治区、沙化土地封禁保护区、封闭及半封闭海域；③以居住、医疗卫生、文化教育、科研、行政办公等为主要功能的区域，以及文物保护单位。《企业突发环境事件风险分级方法》（HJ 941—2018）中将环境风险受体定义为"在突发环境事件中可能受到危害的企业外部人群、具有一定社会价值或生态环境功能的单位或区域等。"

在环境风险评价中，主要关注的环境风险受体包括评价范围内大气、地表水和地下水环境敏感目标，如可能受影响的企业外部人群、饮用水水源保护区、海洋保护区、海滨风景名胜区、重要湿地、重要水生生物的自然产卵场、索饵场、越冬场和洄游通道、天然渔场、重点保护海洋野生动植物生长繁殖地、其他需要特殊保护区域等。

环境影响途径可采用事件树法进行分析、识别如图 5-1 所示。

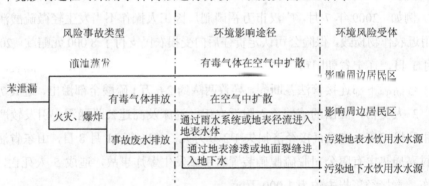

图 5-1   事件树法环境风险影响途径识别

5.5   环境风险识别案例

[例] 某新建煤气化装置以煤为原料，通过气化反应生成粗合成气。产品粗合成气的主要成分为一氧化碳、氢气、二氧化碳、水以及少量氮气、甲烷、硫化氢、羰基硫和氨。

该煤气化装置包括水煤浆制备单元、气化单元、渣水处理单元，主要工艺过程为：煤仓贮存的原料煤经称重给料机控制输送量送入棒磨机，物料在棒磨机中进行湿法磨煤，制得水煤浆。出棒磨机的煤浆排入磨煤机出料槽，经出料槽泵加压后送至气化单元煤浆槽。煤浆由煤浆槽经煤浆给料泵加压后，与从空气分离装置送来的高压氧通过工艺烧嘴进入气化炉。气化反应在气化炉反应段瞬间完成，生成粗合成气，高温气体通过激冷水冷却，并经混合器、旋风分离器、碳洗塔逐级洗涤除尘冷却后送往下游装置。从气化炉、旋风分离器、碳洗塔排出的高温黑水分别进入蒸发热水塔蒸发室，进行中压闪蒸。闪蒸后的中压蒸气进入热水室加热循环回来的低压灰水，加热后的低压灰水经过热水泵送至碳洗塔洗涤煤气使用，蒸发室底部的浓缩黑水进入真空闪蒸被浓缩后进入澄清槽。澄清槽底部的细渣在澄清槽耙料机的作用下，经泵抽出送至真空带式过滤机脱水，澄清槽上部清水溢流至灰水槽，由灰水泵分别送至气化锁斗冲洗水罐、蒸发热水塔，少量灰水（COD_{Cr} 浓度为 450～550 mg/L）作为废水排往厂内污水处理场进行预处理。主要设备包括煤仓、磨煤机、气化炉（单台规格 ϕ 4 200 mm）、破渣机、捞渣机、煤浆槽、旋风分离器（单台规格 ϕ 3 000 mm）、碱洗塔（单台规格 ϕ 4 600 mm）、高压煤浆泵、黑水循环泵、蒸发热水塔、低压闪蒸器、真空闪蒸器、低压闪蒸冷凝器、脱氧槽、澄清槽等。

该装置建设在煤化工园区内，厂址周边 5 km 内分布有居住区、学校和医院等大气敏感目标；项目废水经预处理达标后，排入园区污水处理厂；项目后期雨水排入地表水环境功能为Ⅲ类的某条河流；地下水评价范围内涉及分散式饮用水水源地。

对该装置涉及的物质危险性、生产系统危险性以及环境影响途径进行识别分析。

（1）物质危险性识别

该煤气化装置的原料为煤，产品为粗合成气。根据《建设项目环境风险评价技术导则》（HJ 169—2018）附录 B，粗合成气中的一氧化碳、甲烷、硫化氢、羰基硫和氨为危险物质。煤气化装置危险物质的理化特性如表 5-2 所示。

表 5-2　煤气化装置危险物质理化特性

名称	相态	相对密度	沸点/℃	熔点/℃	闪点/℃	饱和蒸气压/kPa	引燃温度/℃	爆炸极限/%	燃烧性	急性毒性
一氧化碳	气	0.97	−191.4	−199.1	<−50	—	610	12.5～74.2	易燃	LC_{50}: $1\,807×10^{-6}$（大鼠吸入，4 h）
甲烷	气	0.55	−161.5	−182.5	−188	53.32/−168.8℃	538	5.3～15.0	易燃	—
硫化氢	气	1.19	−60.4	−85.5	<−50	2 026.5/25.5℃	260	4.0～46.0	易燃	LC_{50}: $444×10^{-6}$（大鼠吸入）
羰基硫	气	2.1	−50.2	−138.2	—	1 204.23/21℃	—	12.0～28.5	易燃	—
氨	气	0.6	−33.5	−77.7		506.62/4.7℃	651	15.7～27.4	易燃	LD_{50}: 350 mg/kg（大鼠经口）LC_{50}: 1 390 mg/m³（大鼠吸入，4 h）

注:"—"表示无资料。

(2)生产系统危险性识别

由工艺过程可以看出,危险物质主要分布在气化单元,因此气化单元为该装置的主要危险单元,潜在风险源为气化炉、旋风分离器和碱洗塔。煤气化装置风险源的环境风险类型及可能的环境影响途径等如表 5-3 所示。

表 5-3　煤气化装置环境风险识别

风险源	主要危险物质	环境风险类型	环境影响途径	可能受影响的环境敏感目标	备注
气化炉	CO、H_2S、NH_3、CH_4、COS	有毒有害气体泄漏;火灾爆炸引发次生/伴生污染物排放	污染物进入环境空气;事故废水通过雨水系统进入地表水;事故废水经土壤渗入地下水	居住区、学校、医院;河流;地下水分散式饮用水水源地	单台规格 ϕ 4 200 mm
旋风分离器	CO、H_2S、NH_3、CH_4、COS	有毒有害气体泄漏;火灾爆炸引发次生/伴生污染物排放	污染物进入环境空气;事故废水通过雨水系统进入地表水;事故废水经土壤渗入地下水	居住区、学校、医院;河流;地下水分散式饮用水水源地	单台规格 ϕ 3 000 mm
碳洗塔	CO、H_2S、NH_3、CH_4、COS	有毒有害气体泄漏;火灾爆炸引发次生/伴生污染物排放	污染物进入环境空气;事故废水通过雨水系统进入地表水;事故废水经土壤渗入地下水	居住区、学校、医院;河流;地下水分散式饮用水水源地	单台规格 ϕ 4 600 mm

（3）环境影响途径分析

煤气化装置对环境的影响途径包括直接污染和次生/伴生污染。直接污染事故通常的起因是设备（包括管线、阀门或其他设施）出现故障或操作失误等，使有毒有害物质 CO、H_2S、COS、NH_3 等泄漏至空气中，对周围环境造成污染；而根据危险物质的特性分析，CO、CH_4、COS 等物质又具有燃烧性，因此次生/伴生污染主要为可燃物泄漏引发火灾、爆炸事故，产生的 CO、CO_2、SO_2 等有毒有害气体和烟尘对周围环境的影响。另外，扑救火灾时产生的消防污水、伴随泄漏物料以及污染雨水可能通过雨水系统进入河流，对地表水体造成污染；如果项目未采取防渗措施，或者防渗措施失效，事故废水可能经土壤渗入地下水。

参考文献

[1]　中国就业培训技术指导中心，中国安全生产协会. 安全评价师（基础知识）[M]. 北京：中国劳动社会保障出版社，2010.

[2]　林柏泉，张景林. 安全系统工程[M]. 北京：中国劳动社会保障出版社，2007.

第 6 章　最大可信事故理论

6.1　最大可信事故的定义

通过定量风险评估方法确定工程项目的影响是否在可接受范围，通常有如下 3 种方法。

（1）基于一些被归纳并被广泛认可的标准表格法确定最低安全距离

例如，《石油化工工厂布置设计规范》（GB 50984—2014）中对工厂人员集中场所对高毒气体泄漏源，蒸气云爆炸危险源的最低距离要求均作出了规定。通过该类条文式的表格方法易于统一执行，但很难体现不同项目的差异化管理要求，如针对不同装置的安全设施配置水平差异、安全管理水平差异，以及项目所处地域环境的周边敏感目标情况等，因此往往规定的都是通用的最低要求（表 6-1）。尽管后续研究出现了包括 Dow 指数，F&EI 指数等可以结合项目的在线量，工艺固有风险等特征进行分级的指数法，但其均难以实现对于工艺流程的精确刻画，其制约性显而易见。

（2）基于后果的事故影响范围确定

通过选定的代表性事故场景，计算该场景下火灾、爆炸、中毒等影响范围，并与对应的伤害准则进行对比确定可接受范围。例如，通过某场景计算其发生爆炸后的超压影响，当超压值超过 21 kPa 时，超出了非抗爆结构建筑的承压能力，认为该范围内不能有人员集中的非抗爆建筑。该方法选用某特定的事故场景代表装置的整体的风险水平，所以对于事故场景的准确选择就显得尤为重要。

表 6-1　《石油化工工厂布置设计规范》安全防护距离　　单位：m

序号	场所名称及岗位人数		甲、乙、丙类火灾危险性装置或设施	VCE爆炸危险源	高毒气体泄漏源（构成重大危险源）	高毒气体泄漏源（未构成重大危险源）	防护措施
1	办公楼（室）、消防站、食堂、会议室、中心化验室等人员集中场所（含相邻企业）	>300 人·h/d		200	200	150	
		40～300 人·h/d			150	100	
2	中央控制室	40～300 人·h/d	执行《石油化工企业设计防火规范》	200	200	150	
		40～300 人·h/d			150	100	
	中央控制室				60	60	有
	单装置控制室				60	60	有
3	外操休息室	40～300 人·h/d		100	60	60	
	外操休息室				30	30	有
4	检维修站			150	100	60	
5	总变（有人值守）	40～300 人·h/d		150	100	60	

（3）基于风险的分析，同时考虑事故后果及发生频率

该方法针对项目中所有的管线、设备、阀门的失效概率和失效后果进行量化分析，并对可能发生的所有后果转化为人员的致死概率进行统计，进而精确描述系统的风险。该方法计算场景全面，而且已有明确的风险基准进行比较，其对计算输入的参数要求较多，数据的准确性对结果的影响很大。

在建设项目开展环境影响评价阶段，一般处于项目的可行性研究期，确定工艺方案等，但并不具备完整的风险分析的基础。因此本质上该阶段所指的环境风险评价，为上述 3 种方法中的第二种方法：基于事故后果的评价方法。同时基于建设项目风险评价的特点，关注建设项目厂外敏感目标的影响，因此代表性的事故情景设定，选取的是建设项目中危险物质泄漏以及火灾、爆炸等引发的伴生/次生污染物排放等引起显著的毒性扩散事故场景；火灾、爆炸等事故场景其影响往往更集中在对于装置内操作人员的影响，因此属于安全风险评价的范畴。

基于事故后果的分析其关键在于合理的事故场景，最大可信事故的概念提出

正是针对事故场景合理设定的要求。

最大可信事故是指在一定发生可能性水平范围内，具有最严重的后果影响的事故场景（图 6-1）。"可信"指向的是事故发生频率要素，要求发生频率具有一定的水平；"最大"针对的是事故后果大小要素，要求该事故在满足发生频率要求下后果最严重。因此该问题转化为了在单约束条件下事故后果最大的求解过程。

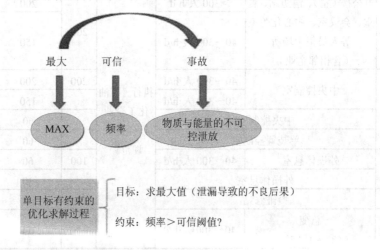

图 6-1　最大可信事故概念

6.2　最大可信事故频率的确定

危险化学品行业由于其高风险性，其本质安全水平一直是政府、生产企业以及公众所关注的焦点。若风险被降低到或控制在一定程度，当前可以普遍接受时，这种状态即为"安全"，而这个"度"即为可接受或者说可容忍的风险，我们称之为"风险可接受水平"或"风险可接受准则"。

风险可接受水平表示在规定时间内或某一行为阶段可接受的总体风险等级，或者规定了不可接受风险下限。它为衡量风险水平、选择经济合理有效地风险控制措施、重大投资决策支持等提供了参考依据。

最低合理可行原则（As Low As Reasonable Practicable，ALARP），1974 年，英国已在法律中采用了 ALARP 准则，并要求风险管理过程要符合这一法规，这对于可接受风险的选择和合理制定风险减少的方案具有重要意义。此准则认为在某个水平线上的风险被视为不可接受的。这类风险在正常情况下都不能被接受，如果存在这类风险，则应采取措施将其降低到"可容忍"或"广泛接受"区域内，或者消除其危险源。在该水平线下的风险，当削减风险获得的利益与其成本持平，或者控制风险所采用的手段是普遍公认的标准做法时，该风险被视为是可容忍的。风险越大，降低风险所需要的成本就越高。按此方式被削弱的风险，就可以认为该风险按"最低合理可行"原则进行了控制。在可容忍区域下、广泛接受区域内的风险，其风险程度小，不需要采取进一步的改进措施或 ALARP 验证工作（图 6-2）。

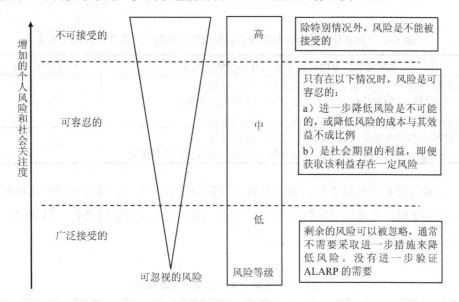

图 6-2　ALARP 概念

关于最大可信事故频率的选取，目前未见有相关统一的规定。为在实际风险评价中有较统一的评判标准以及分析边界，一般设定小于 10^{-6} 次/a 发生频率的事件为极小概率事件，可作为代表性事故情形中最大可信事故设定的参考。主要参考依据为：

① 英国健康与安全执委会（UK's Health and Safety Executive，HSE）对个体风险分为不可接受、可容忍、广泛接受 3 类。其在 2001 年发布的文件中确定个体风险接受准则为 10^{-6} 是广泛可接受的风险；

② 荷兰在土地规划使用时，有危险设施设置的强制规定，新建工厂如果带

来的个体风险高于 10^{-6}，则应将其水平降低至符合最低合理可行原则；现有工厂的可接受个体风险为 10^{-5}；

③ 美国加利福尼亚州新建设施规定其可接受风险为 10^{-5}，可忽略个体风险为 10^{-6}；

④ 壳牌石油公司对于陆上和海上设施规定其广泛接受的个体风险值为 10^{-6}，英国石油公司广泛接受的个体风险值为 10^{-5}；

⑤ 2011 年 8 月 5 日，我国发布了《危险化学品重大危险源监督管理暂行规定》（国家安全监管总局令 第 40 号），提出了可容许个人风险标准（表 6-2）。

表 6-2　《危险化学品重大危险源监督管理暂行规定》可容许个人风险标准

危险化学品单位周边重要目标和敏感场所类别	可容许风险/a^{-1}
①高敏感场所（如学校、医院、幼儿园、养老院等） ②重要目标（如党政机关、军事管理区、文物保护单位等） ③特殊高密度场所（如大型体育场、大型交通枢纽等）	$<3\times10^{-7}$
①居住类高密度场所（如居民区、宾馆、度假村等） ②公众聚集类高密度场所（如办公场所、商场、饭店、娱乐场所等）	$<1\times10^{-6}$

⑥ 2014 年 5 月 7 日，我国发布了《危险化学品生产、储存装置个人可接受风险标准和社会可接受风险标准（试行）》（国家安全监管总局公告 第 13 号），提出了个人可接受风险标准（表 6-3）。

表 6-3　我国个人可接受风险基准值

防护目标	个人可接受风险基准值（概率值）	
	新建装置	在役装置
低密度人员场所（人数<30 人）：单个或少量暴露人员	≤1×10^{-5} 次/a	≤3×10^{-5} 次/a
居住类高密度场所（30 人≤人数<100 人）：居民区、宾馆、度假村等 公众聚集类高密度场所（30 人≤人数<100 人）：办公场所、商场、饭店、娱乐场所、公园、广场等	≤3×10^{-6} 次/a	≤1×10^{-5} 次/a
高敏感场所：学校、医院、幼儿园、养老院等； 重要目标：军事禁区、军事管理区、文物保护单位等； 特殊高密度场所（人数≥100 人）：大型体育场、大型交通枢纽、大型露天市场	≤3×10^{-7} 次/a	≤3×10^{-6} 次/a

⑦ 2018 年 11 月 19 日，我国发布了《危险化学品生产装置和储存设施风险基准》（GB 36894—2018），其中首次正式推出了危险化学品生产装置和储存设施周边的防护目标所承受个人风险（表 6-4）。

表 6-4　GB 36894—2018 中规定的个人风险基准

防护目标	个人风险基准	
	危险化学品新建、改建、扩建生产装置和储存设施/（次/a）	危险化学品在役生产装置和储存设施/（次/a）
高敏感防护目标 重要防护目标 一般防护目标中的 一类防护目标	≤3×10⁻⁷	≤3×10⁻⁶
一般防护目标中的 二类防护目标	≤3×10⁻⁶	≤1×10⁻⁵
一般防护目标中的 三类防护目标	≤1×10⁻⁵	≤3×10⁻⁵

从各国及企业规定的可接受风险准则中可看出，普遍可接受的个体风险值不低于 10^{-6}，我国对于高敏感场所等地有了 10^{-7} 的规定。由于风险为事故后果与频率的综合效应，而建设项目环境风险评价选取的事故后果预测方法，合理的事故选取原则应当能恰当地体现装置的风险水平。

单一事故的风险值计算如式（6-1）所示，其风险取值为源项概率（设定的风险事故场景发生概率）叠加气象概率，同时叠加特定浓度当量对于受体的致死率（由于事故设定为毒性影响，其点火概率不考虑）。由于气象概率与致死概率均为 10^{-1} 或更低的概率水平。因此当选取的单一事故场景发生泄漏频率为 10^{-6} 时，则该事故本身带来的个体风险效应一定数量级上小于 10^{-6}，已经达到了国家风险基准中重要防护目标的风险基准水平。因而忽略发生泄漏频率小于 10^{-6} 的单一事故场景，不会对项目的风险水平评估带来显著性偏差。

$$\Delta \mathrm{IR}_{s,M,\psi,i} = f_s \times P_M \times P_\psi \times P_i \times P_d \tag{6-1}$$

式中：P_d——致死概率；

　　　P_i——点火概率；

$P_M P_\psi$——天气等级与风向的联合概率；

f_s——泄漏概率。

从另一个维度，直接对事故频率设定水平的规定，Frank P. Lees 在 *Loss Prevention in the Process Industries* 中对于最大可信事故给出推荐发生频率为 $10^{-5}\sim$ 10^{-4} 次/a（MCL，最大可信事故是指在可信的水平下一系列关键安全措施未发生作用，产生最大的事故影响）。

美国的《风险管理计划》中建议的最严重泄漏工况为管道孔径 50 mm 的 10 min 泄漏，对比数据库 OGP 中对于管道 50 mm 孔径泄漏，其泄漏频率值均在 10^{-6} 量级，而大于 50 mm 口径的泄漏其频率值已在 10^{-7} 量级。

中国石油天然气集团公司发布的《危险与可操作性分析技术指南》（Q/SY 1364—2011）的风险矩阵中，当事故发生可能性在一级时，其对应的风险等级均落入了可接受区，而可能性在一级时对应的等级说明为"现实中预期不会发生$<10^{-4}$"。

可见，综合不同角度分析，建设项目发生频率小于 10^{-6} 次/a 的事件为极小概率事件，与国际上及相关企业的评估理念一致，并具有一定保守性（图 6-3）。

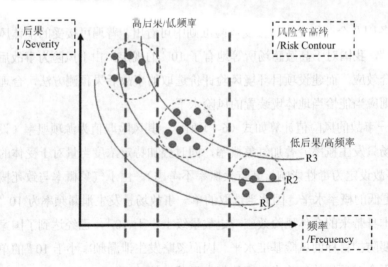

图 6-3　风险等高线

6.3 最大可信事故场景的选取

当确定最大可信事故选择的频率阈值后，接下来要解决的问题就是确定不同源事件的发生频率。源事件发生的频率估算最常用的方法为基于历史记录的事故频率统计方法，即记录的事故次数除以时间（如工厂运行年限、管道使用年限）等获取频率。我国目前针对此类的基础工作积累较少，国外不同行业均进行了大量的数据统计获得了相应的数据手册，如国际石油与天然气协会（OGP）、荷兰紫皮书等均发布了相应的失效数据源。我国《危险化学品生产装置和储存设施外部安全防护距离确定方法》（GB/T 37243—2019）附录 C 中参考国外数据给出了不同设备的泄漏频率（表 6-5）。环境风险导则中结合 TNO 紫皮书与 OGP 中失效数据给出了泄漏频率的举例。

表 6-5 典型的设备失效频率

部件类型	泄漏模式	泄漏频率
反应器/工艺储罐/气体储罐/塔器	泄漏孔径为 10 mm	$1.00×10^{-4}$/a
	10 min 内储罐泄漏完	$5.00×10^{-6}$/a
	储罐全破裂	$5.00×10^{-6}$/a
常压单包容储罐	泄漏孔径为 10 mm	$1.00×10^{-4}$/a
	10 min 内储罐泄漏完	$5.00×10^{-6}$/a
	储罐全破裂	$5.00×10^{-6}$/a
常压双包容储罐	泄漏孔径为 10 mm	$1.00×10^{-4}$/a
	10 min 内储罐泄漏完	$1.25×10^{-8}$/a
	储罐全破裂	$1.25×10^{-8}$/a
常压全包容储罐	储罐全破裂	$1.00×10^{-8}$/a
内径≤75 mm 的管道	泄漏孔径为 10%	$5.00×10^{-6}$/（m·a）
	全管径泄漏	$1.00×10^{-6}$/（m·a）
75 mm＜内径≤150 mm 的管道	泄漏孔径为 10%	$2.00×10^{-6}$/（m·a）
	全管径泄漏	$3.00×10^{-7}$/（m·a）
内径＞150 mm 的管道	泄漏孔径为 10%（最大 50 mm）	$2.40×10^{-6}$/（m·a）*
	全管径泄漏	$1.00×10^{-7}$/（m·a）

部件类型	泄漏模式	泄漏频率
泵体和压缩机	泵体和压缩机最大连接管，泄漏孔径为 10%（最大 50 mm）	5.00×10^{-4}/a
	泵体和压缩机最大连接管，全管径泄漏	1.00×10^{-4}/a
装卸臂	装卸臂连接管，泄漏孔径为 10%（最大 50 mm）	3.00×10^{-7}/h
	装卸臂全管径泄漏	3.00×10^{-8}/h
装卸软管	装卸软管连接管，泄漏孔径为 10%（最大 50 mm）	4.00×10^{-5}/h
	装卸软管全管径泄漏	4.00×10^{-6}/h

注：以上数据来源于荷兰 TNO 紫皮书（Guidelines for Quantitative）以及 Reference Manual Bevi Risk Assessments；*来源于国际油气协会 International Association of Oil & Gas Producers 发布的 Risk Assessment Data Directory（2010，3）。

从表 6-5 中不同的部件的泄漏频率数据，依据最大可信事故频率的设定要求，可知：

① 对于常压单包容储罐，需考虑储罐全破裂事故场景，而针对双包容与全包容储罐，必须考虑其连接管线泄漏场景；

② 对压力管道依据不同管径进行划分，通常小管径管线需考虑全管径破裂，而大管径管线全管径破裂发生可能性较低，但需考虑最低 50 mm 口径的泄漏场景；

③ 装卸臂等设施动作频次较高，区别于普通的压力管道，附表中给出的频率值，实际应用时应考虑年装卸作业时间，求年发生频率，进一步进行分析。

参考文献

[1] API 752—2020，Manage of Hazards Associated with Location of Process Plant Permanent Buildings[S].USA：2020.

[2] 危险化学品生产装置和储存设施风险基准：GB 36894—2018[S]. 北京：中国标准出版社，2018.

[3] 石油化工工厂布置设计规范：GB 50984—2014[S]. 北京：中国标准出版社，2014.

[4] 赵劲松，粟镇宇，贺丁，等. 化工过程安全管理[M]. 北京：化学工业出版社，2021.

[5] Process release frequencies[R].International Association of Oil & Gas Producers，Report No.434-1，March 2010.

第7章 源项分析

7.1 源项分析的内容及主要目的

源项分析的内容包括泄漏速率、泄漏持续时间、泄漏总量的计算，蒸发速率、蒸发时间、蒸发总量的计算，以及泄漏频率的确定；其主要目的是为风险事故后果预测提供源强输入。

7.2 源强确定方法综述

由于设备损坏或操作失误引起泄漏，大量易燃、易爆、有毒、有害物质的释放，将会导致火灾、爆炸、中毒等生产安全事故以及环境污染事故的发生。因此，事故后果分析由泄漏分析开始。

7.2.1 典型泄漏情况分析

容器泄漏一般是由某种损坏引起的，由于会碰到各种损坏情况，所以通常只考虑并选择典型的泄漏情况作为全部泄漏情况的代表。《工业污染事故评价技术手册》中介绍了几种设备的典型损坏类型和损坏尺寸（表7-1）。

表7-1 设备的典型损坏类型和损坏尺寸

序号	设备类型	典型损坏部位	损坏尺寸
1	管道	①法兰泄漏 ②管道泄漏 ③接头损坏	20%管径 100%或20%管径 100%或20%管径

序号	设备类型	典型损坏部位	损坏尺寸
2	挠性连接器	①破裂泄漏	100%或20%管径
		②接头泄漏	20%管径
		③连接机构损坏	100%管径
3	过滤器	①滤体泄漏	100%或20%管径
		②管道泄漏	20%管径
4	阀	①壳泄漏	100%或20%管径
		②盖子泄漏	20%管径
		③杆损坏	20%管径
5	压力容器/反应器	①容器破裂	全部破裂
		容器泄漏	100%大管径
		②人孔泄漏	20%管径
		③喷嘴断裂	100%管径
		④仪表管路破裂	100%或20%管径
		⑤内部爆炸	全部破裂
6	泵	①机壳损坏	100%或20%管径
		②密封盖泄漏	20%管径
7	压缩机	①机壳损坏	100%或20%管径
		②密封套泄漏	20%管径
8	储罐（常压）	①容器损坏	全部破裂
		②接头泄漏	100%或20%管径
9	储罐（加压或冷冻）	①气损（地上储罐）	全部破裂（点燃）
		②破裂	全部破裂
		③焊接点断裂	100%或20%管径

《基于风险的检验技术》（API 581）中推荐的典型泄漏孔径见表 7-2。

表 7-2　API 581 推荐的典型泄漏孔径　　　　　　　　　　　　　　　　单位：mm

泄漏孔径大小	范围	典型泄漏孔径
小孔泄漏	0～5	5
中孔泄漏	5～50	25
大孔泄漏	50～150	100
完全破裂	>150	d=min（管径，400 mm）

7.2.2　泄漏后果

一旦出现泄漏，其后果不仅与物质的数量、易燃性、毒性有关，而且与泄漏物质的相态、压力、温度等有关。这些状态可有多种不同的结合，在后果分析中，常见的状态有常压液体、加压液化气体、低温液化气体、加压气体 4 种。

泄漏物质因物性不同，其泄漏后果也不同。

（1）可燃气体泄漏。泄漏后与空气混合达到燃烧极限时，遇到引火源就会发生燃烧或爆炸。泄漏后起火的时间不同，泄漏后果也不相同。

① 立即起火。可燃气体从容器中溢出时即被点燃，发生扩散燃烧，产生喷射性火焰或形成火球，能迅速地危及泄漏现场，但很少会影响到厂区的外部。

② 延迟起火。可燃气体溢出后与空气混合形成可燃蒸气云团，并随风飘移，遇火源发生爆炸或爆轰，能引起较大范围的破坏。

（2）有毒气体泄漏。泄漏后形成云团在空气中扩散，有毒气体的浓密云团将笼罩很大的空间，影响范围大。

（3）液体泄漏。一般情况下，泄漏的液体在空气中蒸发而生成气体，泄漏后果与液体的性质和贮存条件（温度、压力）有关。

① 常温常压下液体泄漏。这种液体泄漏后聚集在防火堤内或地势低洼处形成液池，液体由于液池表面风的对流而缓慢蒸发，若遇引火源就会发生池火灾。

② 加压液化气体泄漏。一些液体泄漏时将瞬时蒸发，剩下的液体将形成一个液池，吸收周围的热量继续蒸发。液体瞬时蒸发的比例取决于物质的性质及环境温度。有些泄漏物可能在泄漏过程中全部蒸发。

③ 低温液体泄漏。这种液体泄漏时将形成液池，吸收周围热量蒸发，蒸发量低于加压液化气体的泄漏量，高于常温常压下液体的泄漏量。

无论是气体泄漏还是液体泄漏，泄漏量的多少是决定泄漏后果严重程度的主要因素，而泄漏量又与泄漏时间有关。

7.2.3　泄漏量的计算

在进行泄漏源强计算时，需要获取以下信息：① 储存物质的物理和化学性质；② 源的几何形状；③ 生产、储存和运输的操作条件；④ 泄漏地面的性质；⑤ 气象数据；⑥ 场地特性，如地貌、建筑物和防护堤等。

在很多情况下，以上信息不可能准确获取，必须由合理的工程判断来估计。对于灾难性破裂引起的泄漏，可以保守地假定为容器中所有物质瞬间全部泄漏；对于常压储存液体的容器，液体的泄漏速率取决于泄漏孔的大小、储存物质的数量以及液位与泄漏孔之间的高度差；对于加压储存的液体，为了估算其泄漏速率，还需要知道其储存压力；从加压容器中泄漏常常是喷射泄漏，流体出口速度大，计算流体泄漏速率必须知道泄漏孔的尺寸、气体分子量、储存温度和气体密度。根据泄漏孔的位置不同，泄漏还可能既有液体，又有气体，这就是所谓两相流，其泄漏速率介于气体泄漏速率与液体泄漏速率之间。

7.2.3.1　液体泄漏

液体经孔泄漏的泄漏速率（Q_L）可采用流体力学的伯努利（Bernoulli）方程计算：

$$Q_L = C_d A \rho \sqrt{\frac{2(P - P_0)}{\rho} + 2gh} \tag{7-1}$$

式中：Q_L——液体泄漏速率，kg/s；

　　　C_d——液体泄漏系数；

　　　A——泄漏孔面积，m^2；

　　　ρ——泄漏液体密度，kg/m^3；

　　　P——操作压力或容器压力，Pa；

　　　P_0——环境压力，Pa；

　　　g——重力加速度，9.8 m/s^2；

　　　h——泄漏孔上方的液体高度，m。

液体泄漏系数（C_d）取决于泄漏孔的形状和液体的相态，《基于风险的检验技术》中 C_d 的推荐范围为 $0.60 \leqslant C_d \leqslant 0.65$，荷兰 TNO 黄皮书（*The Yellow Book: Methods for the Calculation of Physical Effects*）中的推荐值为尖孔泄漏 $C_d=0.62$；直孔泄漏 $C_d=0.82$，圆孔泄漏 $C_d=0.96$；管道完全断裂 $C_d=1$。

泄漏系数也可按表 7-3 确定。

表 7-3　液体泄漏系数（C_d）

雷诺数 Re	裂口形状		
	圆形（多边行）	三角形	长方形
>100	0.65	0.60	0.55
≤100	0.50	0.45	0.40

对于常压下的液体泄漏速度，取决于裂口之上液位的高低；对于非常压下的液体泄漏速度，主要取决于裂口内介质压力与环境压力之差和液位高低。

当容器内液体是过热液体，即液体的沸点低于周围环境温度，液体流过裂口时由于压力减小而突然蒸发。蒸发所需热量取自于液体本身，而容器内剩下的液体温度将降至常压沸点。

7.2.3.2　气体泄漏

气体在压力条件下从设备的裂口泄漏时，通常用气体流动标准方程计算，首先要判断气体流动是处于临界状态（音速流动）还是次临界状态（亚音速流动），可按以下方法确定。

当式（7-2）成立时，气体流动属音速流动（临界流）：

$$\frac{P_0}{P} \leqslant \left(\frac{2}{\gamma+1}\right)^{\frac{\gamma}{\gamma-1}} \tag{7-2}$$

当式（7-3）成立时，气体流动属于亚音速流动（次临界流）：

$$\frac{P_0}{P} > \left(\frac{2}{\gamma+1}\right)^{\frac{\gamma}{\gamma-1}} \tag{7-3}$$

式中：P——操作压力或容器压力，Pa；

　　　P_0——环境压力，Pa；

　　　γ——绝热指数，$\gamma = C_p/C_V$。

对于大部分气体，$1.1 < \gamma < 1.4$，并且当 $P/P_0 > 1.9$，即容器内压力约为环境压力的 2 倍时，气体泄漏时的出口速度等于声速。随着泄漏的进行，容器内压力下降，泄漏最终变为亚音速泄漏。音速流动和亚音速流动的泄漏速率计算如下。

呈音速流动的气体泄漏速率 Q_G 按式（7-4）计算：

$$Q_G = C_d A P \sqrt{\frac{M\gamma}{RT_G}\left(\frac{2}{\gamma+1}\right)^{\frac{\gamma+1}{\gamma-1}}} \tag{7-4}$$

呈亚音速流动的气体泄漏速率 Q_G 按式（7-5）计算：

$$Q_G = Y C_d A P \sqrt{\frac{M\gamma}{RT_G}\left(\frac{2}{\gamma+1}\right)^{\frac{\gamma+1}{\gamma-1}}} \tag{7-5}$$

式中：Q_G——气体泄漏速率，kg/s；

　　　Y——流出系数，按式（7-6）计算；

　　　C_d——气体泄漏系数；

　　　A——泄漏孔面积，m^2；

　　　P——操作压力或容器压力，Pa；

　　　M——气体的分子量；

　　　R——气体常数，J/（mol·K）；

　　　T_G——气体温度，K。

$$Y = \left[\frac{P_0}{P}\right]^{\frac{1}{\gamma}} \times \left\{1 - \left[\frac{p_0}{p}\right]^{\frac{(\gamma-1)}{\gamma}}\right\}^{\frac{1}{2}} \times \left\{\left[\frac{2}{\gamma-1}\right] \times \left[\frac{\gamma+1}{2}\right]^{\frac{(\gamma+1)}{(\gamma-1)}}\right\}^{\frac{1}{2}} \tag{7-6}$$

对于气体泄漏系数（C_d），《基于风险的检验技术》中的推荐为 $0.85 \leqslant C_d \leqslant 1.0$，荷兰 TNO 黄皮书中的推荐为 $C_d \approx 0.95 \sim 0.99$。在一般情况下，当裂口形状为圆形时，$C_d$ 可取 1.00；为三角形时，C_d 可取 0.95；为长方形时，C_d 可取 0.90。

7.2.3.3　两相流泄漏

过热液体或液化气体发生的泄漏多数是两相流泄漏，即同时泄漏出气体和液体，两相流泄漏的速率介于气相泄漏速率与液相泄漏速率之间。

《工业污染事故评价技术手册》中介绍了 Fauske/Cude 方法计算两相流泄漏速率。Fransk 方法是用来研究蒸汽和水的临界排放状况的，为了将其应用到其他物质中，假设喷口的临界压力与系统操作压力之比为 0.55，而两相又是均匀的、互相平衡的，则蒸发的液体比例 F_V 用式（7-7）计算：

$$F_V = \frac{C_p\left(T_{LG} - T_C\right)}{H} \tag{7-7}$$

式中：F_V —— 液体闪蒸比例；

　　　C_p —— 两相混合物的定压比热容，J/（kg·K）；

　　　T_{LG} —— 两相混合物的温度，K；

　　　T_C —— 液体在临界压力下的沸点，K；

　　　H —— 液体的汽化热，J/kg。

两相混合物的平均密度 ρ_m 用式（7-8）计算：

$$\rho_m = \frac{1}{\dfrac{F_V}{\rho_1} + \dfrac{1 - F_V}{\rho_2}} \tag{7-8}$$

式中：ρ_m —— 两相混合物的平均密度，kg/m³；

　　　ρ_1 —— 液体蒸发的蒸气密度，kg/m³；

　　　ρ_2 —— 液体密度，kg/m³。

两相流的泄漏速率 Q_{LG} 按式（7-9）计算：

$$Q_{LG} = C_d A\sqrt{2\rho_m\left(P - P_C\right)} \tag{7-9}$$

式中：Q_{LG} —— 两相流泄漏速率，kg/s；

　　　C_d —— 两相流泄漏系数，可取 0.8；

　　　A —— 泄漏孔面积，m²；

　　　P —— 操作压力或容器压力，Pa；

　　　P_C —— 临界压力，Pa，取 0.55P。

如果 $F_V > 1$，表面也将全部蒸发为气体，可按气体泄漏公式计算；如果 F_V 数值很小，则可近似地按液体泄漏公式计算。

7.2.4　蒸发量的计算

液体泄漏后会立即扩散到地面，一直流到低洼处或人工边界（如防火堤、岸墙等）形成液池。液体泄漏后不断蒸发，当液体蒸发速度等于泄漏速度时，液池中的液体量将维持不变。

如果泄漏的液体是低挥发度的，则液池中蒸发量较少，不易形成气团，对厂外人员没有危险；如果着火则形成池火灾；如果渗透进土壤，有可能对环境造成影响，如果泄漏的是挥发性液体或低温液体，泄漏后液体蒸发量大，大量蒸发在液池上面后会形成蒸气云，并扩散到厂外，对厂外人员有影响。

液池内液体蒸发按其机理可分为闪蒸蒸发、热量蒸发和质量蒸发 3 种，下文将分别介绍。

7.2.4.1 闪蒸蒸发

（1）闪蒸比例和闪蒸蒸发速率

假如储存的温度高于液体的沸点，那么液体泄漏后，一部分液体会立即闪蒸为蒸气。假设闪蒸过程绝热，则闪蒸比例可按式（7-10）计算：

$$F_v = \frac{C_p\left(T_T - T_b\right)}{H_v} \tag{7-10}$$

过热液体闪蒸蒸发速率可按式（7-11）估算：

$$Q_l = Q_L \times F_v \tag{7-11}$$

式中：F_v —— 泄漏液体的闪蒸比例，%；

　　　C_p —— 泄漏液体的定压比热，J/（kg·K）；

　　　T_T —— 储存温度，K；

　　　T_b —— 泄漏液体的沸点，K；

　　　H_v —— 泄漏液体的蒸发热，J/kg；

　　　Q_l —— 过热液体闪蒸蒸发速率，kg/s；

　　　Q_L —— 物质泄漏速率，kg/s。

（2）闪蒸带走的液体量

在液体闪蒸过程中，除了有一部分液体转变为气体，还有一部分液体以液滴的形式悬浮于气体中，闪蒸带走的液体量计算如下：

① 当 $F_v \leqslant 0.2$ 时

带到空气中的液体量为：

$$D=5 \times F_v \times Q_L \tag{7-12}$$

地面液池内的液体量为：

$$D_s=(1-5 \times F_v) \times Q_L \tag{7-13}$$

式中：D —— 带到空气中的液体量，kg/s；

D_s —— 地面液池内液体量，kg/s。

② 当 $F_v > 0.2$ 时，液体全部带走，地面无液池形成。

7.2.4.2 热量蒸发

当液体闪蒸不完全，有一部分液体在地面形成液池，并吸收地面热量而气化，这个蒸发过程称为热量蒸发。热量蒸发的蒸发速率按式（7-14）计算：

$$Q_2=\frac{\lambda S(T_0-T_b)}{H\sqrt{\pi \alpha t}} \tag{7-14}$$

式中：Q_2 —— 热量蒸发速率，kg/s；

λ —— 地面热导系数，W/（m·K），取值见表 7-4；

S —— 液池面积，m^2；

T_0 —— 环境温度，K；

T_b —— 液体沸点；K；

H —— 液体蒸发热，J/kg；

α —— 地面热扩散系数，m^2/s，取值见表 7-4；

t —— 蒸发时间，s。

表 7-4 某些地面的热传递性质

地面情况	热导系数 λ /［W/（m·K）］	热扩散系数 α /（m^2/s）
水泥	1.1	1.29×10^{-7}
土地（含水 8%）	0.9	4.3×10^{-7}
干涸土地	0.3	2.3×10^{-7}
湿地	0.6	3.3×10^{-7}
沙砾地	2.5	11.0×10^{-7}

7.2.4.3　质量蒸发

当热量蒸发结束后，转由液池表面气流运动使液体蒸发，称为质量蒸发。其蒸发速率按式（7-15）计算：

$$Q_V = \alpha \frac{PM}{RT_0} u^{\frac{(2-n)}{(2+n)}} r^{\frac{(4+n)}{(2+n)}} \tag{7-15}$$

式中：Q_3——质量蒸发速率，kg/s；

P——液体表面蒸气压，Pa，498 530.13 Pa；

R——气体常数，J/（mol·K）；

T_0——环境温度，273.15+9.8 K；

M——物质的摩尔质量，kg/mol；

u——风速，m/s；

r——液池半径，m；

α，n——大气稳定度系数，取值见表 7-5。

表 7-5　液池蒸发模式参数

稳定度条件	α	n
不稳定（A，B）	3.846×10^{-3}	0.2
中性（D）	4.685×10^{-3}	0.25
稳定（E，F）	5.285×10^{-3}	0.3

液池的最大直径取决于泄漏点附近的地域构型、泄漏的连续性或瞬时性。如果泄漏的液体已达到人工边界，则液池面积即为人工边界围成的面积。如果泄漏的液体未达到人工边界，则从假设液体的泄漏点为中心呈扁圆柱形在光滑平面上扩散，这时液池半径 r 可用式（7-16）、式（7-17）计算。

瞬时泄漏（泄漏事件不超过 30 s）时：

$$r = \left[\frac{8gm}{\pi P} \right]^{\frac{\sqrt{t}}{4}} \tag{7-16}$$

连续泄漏（泄漏持续 10 min 以上）时：

$$r = \left[\frac{32gmt^3}{\pi P} \right]^{\frac{1}{4}}$$ （7-17）

式中：r—— 液池半径，m；

    m—— 泄漏的液体质量，kg；

    g—— 重力加速度，9.8 m/s²；

    P—— 设备中液体压力，Pa；

    t—— 泄漏时间。

液池不会无限地扩展下去，而是趋于某一最大值。由于地面形状和性质通常不能很好描述，因此必须假设一个液池最小厚度以确定液池的最大面积。表 7-6 列出了地面上液体的最小厚度。如果没有合适的数据，液池最小厚度可取典型值 10 mm。但是，如果泄漏源周围有防火堤，则液池最大面积不能超过防火堤的面积。

表 7-6 扩展液池在不同表面上的最小厚度

表面	最小厚度/mm	表面	最小厚度/mm
粗糙的砂壤或砂地	25	平整的石头地面、水泥地面	5
农用地、草地	20	平静的水面	1.8
平整的砂石地	10		

7.2.5 液体蒸发总量

液体蒸发总量按式（7-18）计算：

$$W_{\mathrm{p}} = Q_1 t_1 + Q_2 t_2 + Q_3 t_3$$ （7-18）

式中：W_{p}—— 液体蒸发总量，kg；

    Q_1—— 闪蒸蒸发速率，kg/s；

    Q_2—— 热量蒸发速率，kg/s；

    Q_3—— 质量蒸发速率，kg/s；

    t_1—— 闪蒸蒸发时间，s；

t_2—— 热量蒸发时间，s；

t_3—— 从液体泄漏到全部清理完毕的时间，s。

7.2.6　泄漏持续时间

泄漏持续时间是评估易燃和有毒后果的直接输入，对事故后果分析尤为重要，目前国内外尚没有统一的确定方法，下面介绍几种国外风险评价中泄漏持续时间的确定方法。

（1）《基于风险的检验技术》中推荐的泄漏持续时间

API 581 中介绍了探测和隔离系统的分级方法及相应的泄漏持续时间（表 7-7、表 7-8）。泄漏持续时间是以下三个时间的总和：① 探测到泄漏发生的时间；② 分析事件并决定纠正措施的时间；③ 采取了正确的纠正措施的时间。

表 7-7　探测和隔离系统的分级指南

探测系统类型	探测系统分级
专门设计的仪器仪表，用来探测系统的运行工况变化所造成的物质损失（压力损失或流量损失）	A
适当定位探测器，确定物质何时会出现在承压密闭体以外	B
外观检查、照相机或带远距功能的探测器	C
隔离系统类型	隔离系统分级
直接在工艺仪表或探测器启动，而无须操作者干预的隔离或停机系统	A
操作者在控制室或远离泄放点的其他合适位置启动的隔离或停机系统	B
手动操作阀启动的隔离系统	C

表 7-8　基于探测及隔离系统等级的泄漏持续时间

探测系统等级	隔离系统等级	最大泄放时间
A	A	5 mm 泄漏孔径，20 min 25 mm 泄漏孔径，10 min 100 mm 泄漏孔径，5 min
	B	5 mm 泄漏孔径，30 min 25 mm 泄漏孔径，20 min 100 mm 泄漏孔径，10 min

探测系统等级	隔离系统等级	最大泄放时间
A	C	5 mm 泄漏孔径，40 min 25 mm 泄漏孔径，30 min 100 mm 泄漏孔径，20 min
B	A 或 B	5 mm 泄漏孔径，40 min 25 mm 泄漏孔径，30 min 100 mm 泄漏孔径，20 min
	C	5 mm 泄漏孔径，60 min 25 mm 泄漏孔径，30 min 100 mm 泄漏孔径，20 min
C	A，B 或 C	5 mm 泄漏孔径，60 min 25 mm 泄漏孔径，40 min 100 mm 泄漏孔径，20 min

（2）荷兰 TNO 紫皮书中推荐的隔离系统的关断时间

荷兰 TNO 紫皮书中介绍了 3 种不同类型隔离系统（自动切断系统、远程控制切断系统和手动切断系统）的关断时间，关断时间是建立在自动气体检测系统的基础上的。在定量风险计算中并不考虑手动堵切断系统的效果，考虑的最大泄漏时间为 30 min（表 7-9）。

表 7-9　隔离系统类型及关断时间

隔离系统类型	关断时间	包含内容
自动切断系统	2 min	30 s 用于气体到达检测器 30 s 关闭信号传输到要关闭的阀门 1 min 用于阀门的关闭
远程控制切断系统	10 min	30 s 用于气体到达检测器 30 s 用于警示信号传输到控制室 7 min 用于验证信号的有效性 2 min 用于关闭阀门
手动切断系统	30 min	30 s 用于气体到达检测器 30 s 用于警示信号传输到控制室 7 min 用于验证信号的有效性 15 min 用于操作人员到达阻塞阀门处及使用个人防护装备 7 min 用于打开安全锁并打开阀门

（3）荷兰 Reference Manual Bevi Risk Assessments 中关于装卸系统的泄漏时间

针对有人员值守的系统（如卸车、卸船过程），如果操作人员值守在卸车软管或卸船臂旁，并且在装卸过程发生泄漏时能立即做出切断反应的情况下，卸车软管或卸船臂的泄漏时间选用 2 min，如果不具备上述条件，泄漏时间选用 30 min。

7.2.7　其他事故源强确定方法

7.2.7.1　火灾次生/伴生污染物释放量估算

常见的污染物排放量的基本计算方法有实测法、物料衡算法和排污系数法3 种，可采用燃料燃烧排放污染物物料衡算法估算火灾次生/伴生污染物的释放量。

液体燃料主要包括原油、轻油（汽油、煤油、柴油）和重油。原油中的硫分为 0.3%，原油中的硫常富集于釜底的重油中，重油中的硫分为 3.5%，一般轻油中的硫分为 0.1%。天然气的硫化氢含量为 5.2‰。燃料燃烧产生二氧化硫的量可通过式（7-19）估算。

燃料燃烧一氧化碳的产生量可通过式（7-20）估算，燃烧不完全值可参考表 7-10。

（1）二氧化硫产生量

火灾伴生/次生二氧化硫产生量按式（7-19）计算：

$$G_{SO_2} = 2BS \tag{7-19}$$

式中：G_{SO_2} —— 二氧化硫排放速率，kg/h；

B —— 物质燃烧量，kg/h；

S —— 物质中硫的含量，%。

（2）一氧化碳产生量

火灾伴生/次生一氧化碳产生量按式（7-20）计算：

$$G_{CO} = 2\,330qCQ \tag{7-20}$$

式中：G_{CO} —— 一氧化碳的产生量，kg/s；

C —— 物质中碳的含量，%；

q——化学不完全燃烧值，%（表 7-10）；

Q——参与燃烧的物质量，t/s。

表 7-10　燃料的燃烧不完全值　　　　　单位：%

燃料种类	q	C	燃料种类	q	C
重油	2	90	轻油	1	90
人造煤气	2	20	天然气	2	75

7.3　常用的泄漏频率确定方法

泄漏频率可通过行业失效数据库、企业历史统计数据、基于可靠性的失效概率模型等方法获得。国际上一些组织或大型跨国公司都建立了自己的事故数据库，从中可以得到事故发生的频率。目前，常用的历史数据库包括 CCPS 的 PERD 数据库，DNV 的 OREDA 数据库、WORD 数据库、NPD 数据库。

荷兰 TNO 紫皮书（*The Purple Book*：*Guidelines for Quantitative Risk Assessment*）中介绍了以下系统的泄漏事件及泄漏频率：固定式压力储罐及容器、固定式常压储罐及容器、气瓶、管道、泵、换热器、压力释放装置、仓库、槽罐车、船舶。

7.3.1　固定式压力储罐及容器

固定式压力储罐及容器可分为压力容器、过程容器、反应容器。

压力容器：绝对压力大于 0.1 MPa 的储存容器。

过程容器：内部的物质发生某种物理特性变化的容器，如温度和相态变化，蒸馏塔、冷凝塔、过滤器就属于此类容器。

反应容器：内部发生化学反应的容器，如间歇式/连续式反应器，如果某容器中物质混合具有强放热性，则该容器也应看作反应容器。

压力容器、过程容器及反应容器的泄漏事件包括以下 3 种，其发生的概率见表 7-11。① 全部存量瞬时泄漏；② 全部存量在 10 min 内以固定速率连续泄漏；③ 从当量直径为 10 mm 的孔中连续泄漏。

表 7-11　固定容器泄漏事件发生的概率

设备	瞬时	连续，10 min	连续，10 mm 孔径
压力容器	5×10^{-7}/a	5×10^{-7}/a	1×10^{-5}/a
过程容器	5×10^{-6}/a	5×10^{-6}/a	1×10^{-4}/a
反应容器	5×10^{-6}/a	5×10^{-6}/a	1×10^{-4}/a

7.3.2　固定式常压储罐及容器

常见的固定式储罐和容器分类如下所述。

（1）常压单包容储罐

常压单包容储罐包含一个存放液体的主罐，有的常压单包容储罐带外壳主要是为了支撑和对罐体进行绝缘保护，而不是为了在主罐失效的时候存放液体。

（2）带保护外壳的常压储罐

带保护外壳的常压储罐除了存放液体的主罐，还有一个保护外壳，其目的是在主罐失效时用以存放液体，但不能存放任何蒸气。外壳的设计不能用以承受各种载荷，如爆炸（300 ms 内的静压载荷达到 0.03 MPa）、尖锐的碎片及冷（热）载荷。

（3）常压双包容储罐

常压双包容储罐由内罐和外罐组成，外罐的目的是在内罐失效时存放液体并承受所有可能的载荷，如爆炸（300 ms 内的静压载荷达到 0.03 MPa）、尖锐的碎片及冷（热）载荷。

（4）常压全包容储罐

常压全包容储罐由内罐和外罐组成，外罐的目的是在内罐失效时存放液体及蒸气，以及承受所有可能的载荷，如爆炸（300 ms 内的静压载荷达到 0.03 MPa）、尖锐的碎片及冷载荷。储罐外顶由外罐支撑，并能承受爆炸等载荷。

（5）地下常压储罐

地下常压储罐是指内部液面与地面平齐或低于地面的储罐。

常压储罐泄漏事件包括以下情况：全部存量瞬时泄漏，直接释放至大气或从内罐泄漏至未受损的外罐或外壳；全部存量在 10 min 内以固定速率连续泄漏，直接释放至大气或从内罐泄漏至未受损的外罐或外壳；从当量直径为 10 mm 的孔中连续泄漏,直接释放至大气或从内罐泄漏至未受损的外罐或外壳。其对应的泄漏发生频率见表 7-12。

表 7-12　常压储罐泄漏发生频率　　　　　　　　　单位:/a

设备	瞬时泄漏释放至大气	瞬时泄漏释放至外罐	连续泄漏 10 min 释放至大气	连续泄漏 10 min 释放至外罐	连续泄漏 ϕ 10 mm 释放至大气	连续泄漏 ϕ 10 mm 释放至外罐
常压单包容储罐	5×10^{-6}		5×10^{-6}		1×10^{-4}	
带保护外壳的常压储罐	5×10^{-7}	5×10^{-7}	5×10^{-7}	5×10^{-7}		1×10^{-4}
常压双包容储罐	1.25×10^{-8}	5×10^{-8}	1.25×10^{-8}	5×10^{-8}		1×10^{-4}
常压全包容储罐	1×10^{-8}					
地下常压储罐		1×10^{-8}				

7.3.3　管道

管道的泄漏事件包括各种类型的工艺管道和单元内部的地上管线。管道的泄漏事件包括以下情况:管线完全断裂,泄漏物从断裂口两侧的管线流出;泄漏,泄漏物从当量直径为管道公称直径的 10%、最大不超过 50 mm 的孔中流出。各泄漏事件的发生频率见表 7-13。

表 7-13　管道泄漏事件发生频率

设备	完全断裂/(m·a)	泄漏/(m·a)
管道,公称直径<75 mm	1×10^{-6}	5×10^{-6}
管道,75 mm≤公称直径≤150 mm	3×10^{-7}	2×10^{-6}
管道,公称直径>150 mm	1×10^{-7}	5×10^{-7}

需要说明的是,管道完全断裂的位置对泄漏的影响很大,因此至少须考虑 3 个位置发生管道完全断裂产生的影响:

- 上游,即完全断裂口紧靠高压上游管端;
- 中间,即完全断裂口出现在管线中间部位;
- 下游,即完全断裂口出现在管线的低压出口端。

对于长度小于 20 m 的短管，完全断裂口的位置并不重要，一般只需要考虑出现在上游即可。对于孔径泄漏事件，泄漏孔的位置往往对泄漏的影响不大，所以只需要考虑一个泄漏点即可。

对于长距离管道，应该隔一段距离取一些失效点，这些失效点的数目应足够多，以保证失效点增加时风险曲线不会发生本质变化。一般认为取两个失效点之间距离为 50 m 是比较合理的。法兰失效一般包括在管道失效范围内，因此，管道的最小长度为 10 m。

7.3.4 泵

泵的泄漏事件包括以下情况：灾难性失效，最大连接管道完全断裂；泄漏，泄漏物从当量直径为最大连接管道公称直径的 10%，最大不超过 50 mm 的孔中流出。其泄漏事件的发生频率见表 7-14。

表 7-14 泵泄漏事件的发生频率

设备	灾难性断裂/a	泄漏/a
没有其他防护措施的泵	$1×10^{-4}$	$5×10^{-4}$
具有锻钢密封的泵	$5×10^{-5}$	$2.5×10^{-4}$
屏蔽泵	$1×10^{-5}$	$5×10^{-5}$

7.3.5 换热器

换热器分为以下 3 种类型：① 换热管外为危险物质的换热器；② 换热管内为危险物质，外壳设计压力等于或大于管内危险物质存在压力的换热器；③ 换热管内为危险物质，外壳设计压力小于管内危险物质存在压力的换热器。

换热器的泄漏事件包括以下情况：全部存量瞬时泄漏，全部存量在 10 min 内以固定速率连续泄漏；从当量直径为 10 mm 的孔中连续泄漏，10 根线同时发生完全断裂，泄漏物从断裂口两侧的管道流出；1 根管线发生完全断裂，泄漏物从断裂口两侧的管线流出；泄漏，泄漏物从当量直径为管道公称直径的 10%、最大不超过 50 mm 的孔中流出。其泄漏事件的发生频率见表 7-15。

表 7-15 换热器不同泄漏场景的发生频率

设备	瞬时	连续，10 min	连续，ϕ 10 mm
换热管外为危险物质的换热器	5×10^{-5}/a	5×10^{-5}/a	1×10^{-3}/a
设备	完全断裂，10 根	完全断裂，1 根	泄漏
换热管内为危险物质，外壳设计压力小于管内危险物质存在压力的换热器	1×10^{-5}/a	1×10^{-3}/a	1×10^{-2}/a
换热管内为危险物质，外壳设计压力等于或大于管内危险物质存在压力的换热器	1×10^{-6}/a	—	—

需要说明的是，释放是指直接进入大气环境。这里认为冷载体的污染不会对外部造成安全影响。如果换热器设有安全设施（如安全阀），在确定释放量时，应考虑安全设施的动作。连接管道的泄漏也应该考虑。

7.3.6 压力释放装置

如果压力释放装置直接与危险物质接触并直接向大气排放时，则当压力释放装置动作时会导致危险物质的外泄，其泄漏事件发生的频率见表 7-16。

表 7-16 压力释放装置泄漏事件的发生频率

设备	排放
压力释放装置	2×10^{-5}/a

7.3.7 仓库

仓库中储存物质的泄漏事件与包装单元的处理方式及仓库发生火灾的可能性有关。泄漏事件包括以下情况：固体处理，包装单元中部分物质形成可吸入粉尘弥散；液体处理，包装单元全部存量发生外溢，未燃烧毒物及火灾中产生毒物的外漏。其泄漏事件发生的频率见表 7-17。

表 7-17　仓库泄漏事件的发生频率

设施（部分）	可吸入粉尘扩散	液体溢流	火灾
在 1 级、2 级防护等级的仓库中储存物质	$1×10^{-5}$/包装单元	$1×10^{-5}$/包装单元	$8.8×10^{-4}$/a
在 3 级防护等级的仓库中储存物质	$1×10^{-5}$/包装单元	$1×10^{-5}$/包装单元	$1.8×10^{-4}$/a

7.3.8　槽罐车

槽罐车的泄漏事件包括以下情况：全部存量瞬时泄漏；从与最大连接部件大小相同的孔中连续泄漏，如果储罐中存放了液体或一部分液体，应该以液相部分的最大连接件部位为准；卸软管完全断裂，泄漏物从断裂口两侧流出；装卸软管泄漏，泄漏物从当量直径为软管公称直径的 10%、最大不超过 50 mm 的孔中流出；装卸臂完全断裂，泄漏物从断裂口两侧流出；装卸臂泄漏，泄漏物从当量直径为装卸臂公称直径的 10%、最大不超过 50 mm 的孔中流出；外部冲击；罐底火灾，应按储罐全部存量瞬时泄漏考虑。其泄漏事件的发生频率见表 7-18。

表 7-18　槽罐车泄漏事件的发生频率

设备	瞬时	连续，最大连接件	软管完全断裂	软管泄漏	装卸臂完全断裂	装卸臂泄漏	外部冲击	火灾
储罐，压力	$5×10^{-7}$/a	$5×10^{-7}$/a	$4×10^{-6}$/h	$4×10^{-5}$/h	$3×10^{-8}$/h	$3×10^{-7}$/h	注 1	注 2
储罐，常压	$1×10^{-5}$/a	$5×10^{-7}$/a	$4×10^{-6}$/h	$4×10^{-5}$/h	$3×10^{-8}$/h	$3×10^{-7}$/h	注 1	注 2

注：1. 槽罐车受外部冲击而引发的泄漏由事故发生地的实际情况决定。如果已经采取了限速等降低交通事故发生的措施，往往不考虑槽罐车的泄漏事件。

2. 储罐底部火灾可能会导致储罐的全部存量瞬时泄漏，下面是几种导致储罐底部火灾的原因：

·储罐底部连接件发生泄漏，随后被点燃，这种情况仅仅发生在储罐内储存物质为可燃物的情况下，压力储罐的发生频率是 $1×10^{-6}$/a，常压储罐是 $1×10^{-5}$/a。

·储罐周围发生火灾，这种情况出现的频率由当地情况决定，重要的影响因素还有周围是否存在易燃物质储罐以及装卸可燃物质过程中是否会出现意外损坏。

以上泄漏事件是针对大容器的运输装置，像气瓶等的小容器，每个包装单元的泄漏事件可单独考虑，同时，多米诺效应及多个包装单元由于外部作用同时失效的可能性也应予以考虑。

7.3.9　船舶

船舶的泄漏事件包括装卸活动及外部作用的影响，其泄漏事件的发生频率见表 7-19。

船舶泄漏事件：

- 装卸臂完全断裂；
- 泄漏物从断裂口两端流出；
- 装卸臂泄漏；
- 泄漏物从当量直径为装卸臂公称直径的 10%、最大不超过 50 mm 的孔中流；
- 外部作用，大量泄漏；
- 气体储罐 1 800 s 内连续泄漏 180 m^3；
- 半气体储罐（冷冻）1 800 s 内连续泄漏 126 m^3；
- 单层罐壁液体储罐 1 800 s 内连续泄漏 75 m^3；
- 双层罐壁液体储罐 1 800 s 内连续泄漏 75 m^3；
- 外部作用，少量泄漏；
- 气体储罐 1 800 s 内连续泄漏 90 m^3；
- 半气体储罐（冷冻）1 800 s 内连续泄漏 32 m^3；
- 单层罐壁液体储罐 1 800 s 内连续泄漏 30 m^3；
- 双层罐壁液体储罐 1 800 s 内连续泄漏 20 m^3。

表 7-19　船舶泄漏事件的发生频率

船舶	装卸臂完全断裂	装卸臂泄漏	外部作用，大量泄漏	外部作用，少量泄漏
单层液体罐	6×10^{-5}/船	6×10^{-4}/船	$0.1 \times f_0$	$0.2 \times f_0$
双层液体罐	6×10^{-5}/船	6×10^{-4}/船	$0.006 \times f_0$	$0.001\ 5 \times f_0$
气罐、半气罐	6×10^{-5}/船	6×10^{-4}/船	$0.025 \times f_0$	$0.000\ 12 \times f_0$

注：事故失效率 $f_0 = 6.7 \times 10^{-11} \times T \times t \times N$，其中，$T$——每年在运输路线上或靠港船只的总数量；$t$——平均每只船的装卸时间，h；$N$——每年的运输量。

船舶碰撞事故外部作用的泄漏事件由当地的情况决定，如果船舶停靠在运输路线外的一个（小）港，则不需要考虑它受外部冲击的事件。但是如果船舶附近的其他船舶有移动的可能性，则碰撞事件是需要考虑的。外部冲击事件可使用基本事故发生率 f_0 来计算。如果装卸臂有多根管线，只有当所有管线同时发生断裂时才能算作装卸臂完全断裂。

7.4　事故源强核算案例

事故源强核算：

[例] 以某工业项目苯储罐泄漏为例，计算 50 mm 孔径泄漏的事故源强。

（1）物质泄漏量计算

根据《建设项目环境风险评价技术导则》（HJ 169—2018）附录 F，液体泄漏速率（Q_L）用式（7-1）计算。

苯储罐泄漏事故源强见表 7-20。

表 7-20　苯储罐泄漏事故源强

参数	单位	取值	备注
C_d	量纲一	0.65	按 $Re > 100$，裂口面积为圆形考虑
A	m^2	0.007 9	泄漏孔径 50 mm
ρ	kg/m^3	880	—
P	Pa	101 325	苯常压储存
P_0	Pa	101 325	—
g	m/s^2	9.81	—
h	m	3	—
Q_L	kg/s	34.67	—

（2）液体蒸发量计算

比较液体的操作温度与它的标准沸点，若操作温度小于沸点，闪蒸蒸发速率为 0；若操作温度大于沸点，需计算闪蒸蒸发速率。苯的标准沸点是 80.1℃，操作温度为常温 25℃，沸点大于操作温度，不会发生闪蒸蒸发。此外，苯的沸点大于当地的环境最高温度，因此泄漏后不会发生热量蒸发。苯泄漏后的质量蒸发量即为总蒸发量。

质量蒸发速率按式（7-15）计算。

苯泄漏后蒸发量计算结果见表 7-21。

表 7-21　苯泄漏蒸发量计算

参数	单位	取值	备注
p	Pa	12 676.8	—
R	J/（mol·K）	8.314	—
T_0	K	298	—
M	kg/mol	0.078	—
r	m	6	假定液池半径 6 m
u	m/s	1.5	
α	—	5.285×10^{-3}	按最不利气象条件：1.5 m/s 风速，F 类稳定度计算
n	—	0.3	
Q_V	kg/s	0.08	—
t	s	1 800	假定从液体泄漏到全部清理完毕的时间为 30 min
W	kg	144	—

参考文献

[1]　API 581-2008.　Risk-BasedInspectionTechnology[S]. USA：2008.

[2]　The TNO Purple Book：Guidelines for Quantitative Risk Assessment[M].Ministerie van Verkeer en Waterstaat：2005.

[3]　The TNO YellowBook：Methods for the Calculation of Physical Effects[M]. Ministerie van Verkeer en Waterstaat：2005.

[4]　AQ/T 3046—2013，化工企业定量风险评价导则[S]. 北京：中国标准出版社，2013.

[5]　李民权，曹德扬，欧阳福康，等. 工业污染事故评价技术手册[M]. 北京：中国环境科学出版社，1992.

[6]　中国石油化工股份有限公司青岛安全工程研究院. 石化装置定量风险评估指南[M]. 北京：中国石化出版社，2007.

第 8 章 毒性终点浓度的选取

8.1 大气毒性终点浓度选取

8.1.1 主要环境风险预测危险化学品指标

目前，国际上较为广泛使用的短期急性接触的空气浓度标准包括急性暴露指导水平值（Acute Exposure Guideline Levels，AEGL）、应急响应计划指南值（Emergency Response Planning Guideline，ERPG）、暂定应急暴露限值（Temporary Emergency Exposure Limit，TEEL）等。

（1）AEGL

AEGL 是 EPA、危险物质急性暴露指导水平国家咨询委员会（National Advisory Committee for Acute Exposure Guideline Levels for Hazardous Substances，NAC/AEGL）针对国家、地方政府以及个人企业处理包括有毒有害物质泄漏、灾难性暴露等紧急情况而制定的急性暴露标准。AEGL 在世界范围内被广泛应用于应急规划机构、应急响应机构，其主要适用于较少发生的、突发性有毒化学品释放到空气中事故处理及突发性事故大气风险评价。作为急性毒性数据，AEGL 不适用于亚慢性、慢性损伤事故。AEGL 设立之初就既考虑了普通公众受体也考虑了对较为敏感的人群、老人、婴幼儿等受体的保护，因此其作为短时的、突发性事故的评价标准被广泛使用。

AEGL 标准一般分为三级，一级对人群影响最小，三级最严重；其每个等级最多包括 5 个暴露时间段（10 min、30 min、1 h、4 h、8 h）。等级与暴露时间不同，其标准值也不同。

一级标准 AEGL-1：当大气中危险物质浓度超过该标准且低于二级标准时，人群表现为明显不适、易怒或其他非感官反应。这类反应通常为暂时、可逆的，一般具有非致残性。

二级标准 AEGL-2：当大气中危险物质浓度超过该标准且低于三级标准时，可能对人群产生不可逆的或者其他严重的、长期性健康影响，甚至可能使得人群丧失逃生能力。

三级标准 AEGL-3：当大气中危险物质浓度超过该标准时，将会对人群产生生命威胁或者致死。

（2）ERPG

ERPG 标准值由美国工业卫生协会（American Industrial Hygiene Association，AIHA）应急响应计划委员会（Emergency Response Planning，ERP）为协助应急响应机构进行突发性危险物质泄漏的规划或响应而制定的短时间急性空气浓度标准。

ERPG 主要应用于风险评价、规划和应急响应。作为急性毒性数据，ERPG不适用于亚慢性、慢性损伤事故。ERPG 标准建立之初，考虑的是一般人群暴露于有毒有害物质中 1 h 所受到的健康影响，而不包括老人、婴幼儿、病人等敏感人群，因此 CAMEO Chemicals 建议在没有 AEGL 数据且毒性化学物质短期排放时为了保护公众的健康可以使用 ERPG。此外，ERPG 仅适用于衡量暴露 1 h 的影响，不可外推 ERPG 用于更长时间的暴露情况，ERPG 不适用于工作场所的人员暴露限值，也不适用于长期暴露于背景化学物质的公众暴露限值。

ERPG 标准一般分为三级，一级对人群影响最小，三级最严重；其每个等级仅有一个暴露时间段（1 h）。

一级标准 ERPG-1：当大气中有毒有害物质浓度低于该限值时，人员暴露 1 h，除了短暂的不利健康影响或不良气味，一般不会产生其他不良影响。

二级标准 ERPG-2：当大气中有毒有害物质浓度低于该限值时，人员暴露 1 h，一般不会对人体造成不可逆的伤害或出现的症状一般不会损伤该个体采取有效防护措施的能力。这意味着超过该限值可能造成个体出现不可逆的健康损伤或影响其避险能力。

二级标准 ERPG-3：当大气中有毒有害物质浓度低于该限值时，绝大多数人员暴露 1 h 不会对生命造成威胁。当超过该值时，即有可能对人群造成生命威胁。

（3）TEEL

TEEL 标准值由美国能源部（U. S. Department of Energy，DoE）为突发性危险物质泄漏响应或后果分析而制定的暂时性短时间急性空气浓度标准。其出台背景是 AEGL 与 ERPG 需要经过严谨的数据研究与漫长的评估过程方可获得，因此公布的危险物质的标准相对较少，远不能与生产中使用的危险物质的数量相匹配，为指导现实中的应急和评估工作，DoE 决定制定暂时性短时间急性空气浓度标准 TEEL，以便于在缺乏 AEGL、ERPG 标准时使用。

TEEL 主要应用于危险物质的后果分析、规划和应急响应。作为急性毒性数据，TEEL 不适用于亚慢性、慢性损伤事故。TEEL 标准建立之初，考虑的是一般人群暴露于有毒有害物质中 1 h 所受到的健康影响，而不包括老人、婴幼儿、病人等敏感人群。需要注意的是，只有当某物质缺少 AEGL、ERPG 标准时，方可使用 TEEL 标准，一旦某物质 AEGL、ERPG 标准发布，其 TEEL 标准自动失效。

TEEL 标准一般分为四级，零级对人群影响最小，三级最严重；其每个等级仅有一个暴露时间段（15 min）。由于 TEEL 0 是没有健康风险影响的阈值浓度限值，因此在应急响应及规划的过程中通常不被考虑。

零级标准 TEEL-0：当大气中有毒有害物质浓度低于该限值时，绝大多数人员不会产生健康风险。

一级标准 TEEL-1：当大气中有毒有害物质浓度低于该限值时，几乎所有个体最多会出现短暂可逆的健康影响，或闻到明显的臭味。

二级标准 TEEL-2：当大气中有毒有害物质浓度低于该限值时，几乎所有个体受到的影响均不会导致削弱其采取防护措施的能力（不会出现十分严重的症状）。

三级标准 TEEL-3：当大气中有毒有害物质浓度低于该限值时，几乎所有个体均不会受到威胁生命安全的健康影响。换言之，当高于该限值时，即有可能危及个体生命安全。

（4）LC_{50}

半致死浓度 LC_{50}（Lethal Concentration）是指外源化学物经呼吸道与机体接触后产生的急性毒性作用，是使受试动物接触化学物质一定时间（1～4 h）后，并在一定观察期限内（一般为 14 d）半数死亡的毒物浓度，单位 mg/m^3。由于试验动物（大鼠或小鼠）及试验时间（1～4 h）的不一致，其获取的半致死浓度数据并不一致，即使对于同类受试生物、同样的试验时间，不同试验获取的半致死浓度也不尽相同。以硫化氢和二硫化碳为例，其不同来源的毒理学数据如表 8-1、表 8-2 所示。

表 8-1　硫化氢毒理学数据（急性毒性）

受试生物	数据来源	LC$_{50}$（ppm）	LC$_{L0}$[1]（ppm）	时间	调整后的 LC（0.5 h，采用 CF 系数调整）[2]
大鼠	Back et al.，1972	713	—	1 h	977 ppm（1.37）
小鼠	Back et al.，1972	673	—	1 h	922 ppm（1.37）
人	Lefaux1，968	—	600	30 min	600 ppm（1.0）
小鼠	MacEwen and Vernot，1972	634	—	1 h	869 ppm（1.37）
人	Tab BiolPer，1933	—	800	5 min	354 ppm（0.44）
大鼠	Tansey et al.，1981	444	—	4 h	1 141 ppm（2.57）

注：①转换因子 conversionfactor（CF）的 "n"=2.2（来源：tenBerge et al.，1986）。
②LC$_{L0}$ 是指能引起受试生物死亡的最小浓度。1 ppm = 10^{-6}，下同。

表 8-2　二硫化碳毒理学数据（急性毒性）

受试生物	数据来源	LC$_{50}$（ppm）	LC$_{L0}$（ppm）	时间	调整后的 LC（0.5 h，采用 CF 系数调整）
大鼠	AIHA，1992	＞1 670	—	1 h	＞2 088 ppm（1.25）
大鼠	AIHA，1992	15 500	—	1 h	19 375 ppm（1.25）
大鼠	AIHA，1992	3 000	—	4 h	6 000 ppm（2.0）
大鼠	AIHA，1992	3 500	—	4 h	7 000 ppm（2.0）
大鼠	Izmerov et al.，1982	7 911	—	2 h	12 658 ppm（1.6）
小鼠	Izmerov et al.，1982	3 165	—	2 h	5 063 ppm（1.6）
人	Lefaux，1968	—	4 000	30 min	4 000 ppm（1.0）

（5）IDLH

IDLH（Immediately Dangerous to Life or Health）立即威胁生命与健康浓度是我国《呼吸防护用品的选择、使用与维护》中规定的呼吸防护用品因故障等原因失效，高浓度的有害物构成生命威胁的浓度标准，具体是指有害环境中空气污染物浓度达到某种危险水平，如可致命、可永久损害健康或可使人立即丧失逃生能力。一般以 ppm 为单位（百万之分数）。我国目前没有制定 IDLH 浓度，该标准采纳了美国国家职业安全卫生研究所（NIOSH）制定的浓度标准值。由于 IDLH 浓度是工作场所中判断选择防护用品的依据，是职业暴露限制值，是保护工业场所的工作人员所制定的标准值，并不完全适用于突发性环境风险事故中有毒有害物质在短时间内大量泄漏产生的高浓度对周边环境敏感人群的影响程度的评价依据。另外，制定有毒化学物质浓度限值的目的是保护公众的健康不受影响，针对可能发生的突发性环境污染事件制定应急预案，IDLH 仅限于描述对人体造成死亡或永久损害及丧失逃生能力时的浓度限值，不能描述污染物质的预警浓度。

8.1.2   大气毒性终点浓度选取

我国在 HJ/T 169—2004 中选用 LC_{50} 和 IDLH 作为短时间急性毒性标准。从大气环境风险预测评价角度考量，半致死浓度数据仅仅是毒理学试验数据，受试验动物、试验时间的影响，且即使对于同类受试生物、同样的试验时间，不同试验获取的半致死浓度也不尽相同，因此将 LC_{50} 直接用于公众的半致死浓度标准，科学依据不足，也使得评价结果难以具有良好的可比性。IDLH 浓度是针对工作场所的职业暴露浓度限值，其主要考虑人群为健康的成年人，未考虑其他普通群众，不完全适用于突发性环境风险事故中有毒有害物质在短时间内大量泄漏产生的高浓度对周边公众的影响程度的评价，作为单一的致命伤害浓度限值，也不适宜作为规划或者评价中的预警浓度。

目前，国际上较为广泛使用的短期急性接触的空气浓度标准包括 AEGL、ERPG、TEEL 等。美国能源部在采取保护性行动标准（Protective Action Criteria，PAC）中也对应急标准选择进行了规定，即当存在 AEGL 标准值时，优先选用 AEGL 标准值；当无 AEGL 标准值时选用 ERPG 标准值，若上述两种均无，则选用 TEEL 标准值。倘若对于某种危险物质而言，上述 3 种标准均无，又确实具有评价或者应急需求时，则可临时选用 EEGL、IDLH 等浓度标准。在目前我国尚未针对公众制定短期急性接触的空气浓度标准的情况下，HJ 169—2018 中给出了资料性附录，其大气毒性终点浓度选取建议参考国际通行标准，结合美国能源部提出的 PAC 标准选择方式，优选

AEGL 标准、其次分别选择 ERPG 标准、TEEL 标准，IDLH 标准与 LC$_{50}$ 标准在国际上作为采取保护性行动的标准 PAC 的使用优先次序较为靠后。

　　PAC 标准值一般分为三级，一级对人群影响最小，三级最严重。超出 PAC-3 时即可能对人群造成生命威胁，PAC-2 一般不会对人体造成不可逆的伤害或出现症状，不会损伤该个体采取有效防护措施的能力，PAC-1 除了短暂的不利健康影响或不良气味，一般不会产生其他的不良影响。风险预测与评价时应以 PAC-2、PAC-3 分别进行影响预测分析。

　　在大气环境风险预测中，重点选取 PAC-3 对应大气毒性终点浓度 1，PAC-2 对应大气毒性终点浓度 2 进行预测分析，并根据其影响对象、范围提出应急疏散等风险防控措施。在 HJ 169—2018 附录中给出 252 种主要危险物质的大气毒性终点浓度资料附录，通过"国家环境保护环境影响评价数值模拟重点实验室"（www.lem.org.cn）网站链接可实现全部 3 146 种物质的 PAC 浓度查询。

8.2　地表水风险预测终点浓度选取

　　地表水的终点浓度即预测评价浓度。地表水的风险受体比较复杂，为便于规范和统一，终点浓度选取主要根据水体分类及预测点水体功能要求，故地表水终点浓度的设定可按照以下原则。

　　1）对于有质量标准的，根据 GB 3097、GB 3838、GB 5749 等及相应的地方标准，结合受纳水体水环境功能区、近岸海域环境功能区、水环境保护目标等水环境质量管理要求，确定评价标准。

　　2）对于未划定水环境功能区、近岸海域环境功能区的水域，或未明确水环境质量标准的评价因子，可由地方政府生态环境主管部门确认应执行的环境质量要求；在国家及地方污染物排放标准中未包括的评价因子，可由地方政府生态环境主管部门确认应执行的污染物排放要求。

　　3）对于难以获取终点浓度值的物质，可按质点运移到达判定。

8.3 地下水风险终点浓度选取

地下水终点浓度根据水体分类及预测点水体功能要求设定，故地下水终点浓度设定可按照以下原则。

1）首先按照 GB/T 14848 标准执行。

2）评价指标未列入 GB/T 14848 的，按照国家（行业、地方）相关标准执行，可参考 GB 3838、GB 5749、DZ/T 0290 等。

3）当一些特殊指标在相关标准中均未涉及时，可参考国外相关标准。

4）当国内外标准均未涉及时，建议仅考虑该物质在水体中的检出限值。

5）我国地下水未全面划定功能区，难以统一要求按照水体功能区确定终点浓度限值，但在部分已划定功能区的地区，可以功能区限值作为终点浓度选取的依据。

6）对于上述条件以外仍难以获取终点浓度值的物质，可按质点运移到达判定。

此外，执行 GB/T 14848 时应充分利用 5 类标准相对应的水体功能，从实际水质状况和地下水开发利用价值情况出发，选取不同等级的标准限值。

参考文献

[1] 陈郁，杨凤林，宋国宝，等. 化工企业突发大气环境风险评价标准的探讨[J]. 环境科学学报，2012，32（9）：2310-2318.

[2] AEGL 相关资料来自于 USEPA 网站：https：//www.epa.gov/aegl.

[3] ERPG 相关资料来自于 USEPA 网站：https：//www.epa.gov/erpg.

第9章 有毒有害物质在大气中的迁移扩散

大气环境预测模型主要用于科学、定量地预测突发事故发生后有毒有害物质在大气中扩散造成的影响范围与程度。依据有毒有害物质的相对密度、泄放方式等，选择适用的预测模型。在此，对免费、开源的一些大气风险预测模型进行简要介绍。

9.1 主要大气风险预测模型简介

（1）AFTOX

AFTOX 模型为菲利普斯地球物理实验室（Phillips Laboratory Directorate of Geophysics）开发的高斯扩散模型，用于模拟非重质气体泄漏扩散影响。模型可应用于液体或气体化学品贮运作业过程连续或不连续情形泄漏下的扩散模拟，包括 Vossler、Shell 和 Clewell 蒸发算法。

AFTOX 模型适用于非重质气体扩散模拟，适用于平坦地形。可通过输入泄漏时间、地点、高程自动计算太阳辐射、大气稳定度，通过设定平均时间，计算不同平均时间下的平均浓度。内置多种泄漏挥发模式，可用于计算给定高度和时间的最大浓度、特定位置和时间的浓度，以及危害区域分布。可计算有毒有害化学物质风险距离、特定位置浓度、最大浓度及其落点。AFTOX 模型可对瞬时的或持续的、从地面或上升源中排放的气体或液体排放物（非浮力）进行模拟计算，还可对烟囱中排放的持续、加热（浮力）烟羽扩散进行模拟计算。

AFTOX 模型前处理所需要的气象数据、地表粗糙度等数据需求较少，可计算特定地点浓度值、不同浓度限值对应的最远距离，以及对应的图形结果。模型计算效率高，一般几十秒即可计算完成。

（2）ADAM

ADAM 模型是一种基于 PC 的扩散模型。其输入源项必须是瞬时泄漏或稳态连续泄漏，不适用于有限持续时间的泄漏及高架源泄漏。此外，ADAM 模型还包含一种计算喷射流泄漏的算法，喷射流视为来自地面，与风横向对齐。模型中包含一个化学物质数据库。

ADAM 模型可模拟单一等值线浓度分布，显示气体云在指定浓度水平上的位置，同时输出显示气体云经过的时间、速度和等值线的宽度。ADAM 模型以峰值浓度作为距离函数时，如果是瞬时泄漏源，则峰值剂量可作为指定平均时间的距离函数来计算。但 ADAM 模型无法确定特定点的浓度时间历程。

（3）ALOHA

ALOHA 模型采用图形界面，可选取化学物质、位置数据、大气、源和计算作为模型运行的输入。模型可预测的事故情形，包括液池蒸发、储罐液体或气体泄漏、破裂管道气体泄漏等。ALOHA 模型可以计算获取浓度大于指定浓度的"轨迹"图、特定位置浓度和剂量的时间序列图，以及泄漏位置的时间序列图。

ALOHA 模型中还嵌入了 DEGADIS 模型，ALOHA 模型的公式与独立的 DEGADIS 模型十分相近，但求解守恒方程的数值方法存在一些差异。

（4）DEGADIS

DEGADIS 模型可以应用于多种泄漏情形，包括：气体和气溶胶；连续、瞬时、有限持续时间和时变的泄漏；地面、低动量区域泄漏，以及地面或高架向上的管道喷射泄漏。

DEGADIS 模型可以计算每一下风向距离处的羽流中心线高度、摩尔分数、浓度、密度和温度；每一指定下风向距离处的 σ_y 和 σ_z；每一指定下风向距离处，指定受体高度的两个指定浓度的偏离中心线距离，以及有限时间泄漏的浓度和时间历程。

（5）HGSYSTEM

HGSYSTEM 模型可以预测 7 类情形：储罐氟化氢泄漏（HFSPILL）、液体池扩散/蒸发（EVAP）、氟化氢闪蒸（HFFLASH）、喷射流即氟化氢的近场扩散（HFPLUME）、喷射流即理想气体的近场扩散（PLUME）、地面重气体扩散（HEGADIS）、高架无源扩散（PGPLUME）。在某些情况下，可将一个模型的输出设置为另一个模型的输入。

模型计算需要详细输入气体的热特性、初始浓度和面积范围，以及环境条件和位置特征的完整描述。HEGADIS 模型（重气体大气扩散模型）应在指定源项模式（稳态泄漏、有限持续时间泄漏、瞬时泄漏）条件下运行。PGPLUME 模型可计算泄漏源下风向距离的表格数据，预测传输方向羽流垂直截面的摩尔浓度。

（6）SLAB

SLAB 模型是 20 世纪 80 年代由美国劳伦斯利弗莫尔（LLNL）开发的风险扩散模型，是一种稠密气体泄漏扩散模型。模型通过求解一维或准三维的动量方程，质量、能量、物质守恒方程和状态方程来模拟重气体扩散。该模型是开源模式中被广泛采用的重气体扩散模拟模型之一。

SLAB 模型适用于 4 种类型的泄漏，包括地面蒸发池、高架水平喷射、烟囱或高架垂直喷射，以及瞬时流泄漏源，除液池蒸发以外，所有泄漏源都可描述为气溶胶。模型适用于多种类型的泄漏扩散模拟；可考虑重气体扩散，以及重气效应消失后的被动扩散阶段；适用于平坦地形；可以考虑不同的气象条件如风速、大气稳定度、温度、相对湿度、太阳辐射以及地表粗糙度等对扩散的影响。SLAB 模型可以在单次运行中模拟多组气象条件。数据通过外部文件输入到模型中，输入数据包括泄漏源类型、泄漏源特性、溢出物特性、场地特性和标准气象参数。

SLAB 模型可以模拟计算在羽流中心线和 5 个偏离中心线距离的 4 个指定高度和羽流高度处的时间平均浓度值。计算效率高，一般几十秒即可计算完成。

建设项目大气环境风险预测法规模型筛选过程中，在兼顾科学性和可操作性的前提下，以免费开源、界面封装、操作相对简单等为原则，经综合比选推荐 SLAB 模型、AFTOX 模型分别作为平坦地形下重质气体、中性/轻质气体后果预测扩散模型，相关模型及用户手册可在"国家环境保护环境影响评价数值模拟重点实验室"（www.lem.org.cn）网站下载。

表 9-1　常用开源模型对比一览表（USEP 模型选择）

模型	适用范围					可获取性		操作复杂性	其他
	是否包括源项计算 可计算液池挥发	重气体/中性气体/轻气体	是否包括重气效应消失后的被动扩散阶段	复杂地形	二维均形	是否开源	可获取来源		
AFTOX		中性气体/轻气体		否	是	是	EPA 网站	简单	可模拟持续排放、瞬时排放，还可模拟浮力排放，有限时间排放
SLAB	否	重气体	是	否	是	是	EPA 网站	简单	可模拟水平喷射、垂直喷射、液池挥发、瞬时排放下的扩散
DEGADIS	否	重气体	是	否	是	是	EPA 网站	简单	不可模拟水平喷射下的扩散
ALOHA	是	重气体/中性气体/轻气体	是	否	是	是	EPA 网站	简单	整合了 SLAB、De-gadis。目前版本仅支持计算 1 h 的扩散
HGSYSTEM	是	重气体	是	否	是	是		简单	源项计算对于较小风速、较稳定的气象条件下不适用；当泄漏时间较短，扩散率较小时，扩散模块不适用
ADAM	是	重气体/中性气体/轻气体	是	否	是	是	EPA 网站	简单	可考虑化学反应和相变，但仅适用于氯气、硫化氢、氟化氢、二氧化硫等 8 种污染物，用于其他污染物模拟时需修改源代码。美国空军在对 ADAM 进行修改简化的基础上形成 AFTOX

9.2　重质气体、中性/轻质气体模型参数判断

SLAB 模型可推荐用于模拟稠密气体泄漏。对于中性/轻质气体泄漏，则推荐采用标准的无源扩散模型或能够模拟中性浮力泄漏的 AFTOX 模型。为了确定泄漏是否为重气体泄漏，将泄漏物的理查森数与选定值进行比较。理查森数的公式以及计算取决于泄漏是瞬时泄漏还是连续泄漏。

（1）连续泄漏

确定连续泄漏是否为重气体泄漏的标准（C_p）是

$$C_p = \frac{U_r}{\left[\dfrac{g\left(\dfrac{E}{\rho_{rel}}\right)}{D_{rel}}\left(\dfrac{\rho_{rel}-\rho_a}{\rho_a}\right)\right]^{\frac{1}{3}}} \leqslant 6 \tag{9-1}$$

式中：U_r—— 环境风速，m/s；

g—— 重力加速度，9.806 m/s²；

ρ_a——空气密度，kg/m³；

E——排放速率，kg/s；

ρ_{rel}——泄漏密度，kg/m³；

D_{rel}——泄漏直径，m。

（2）瞬时泄漏

确定瞬时泄漏是否为重气体泄漏的标准（C_p）是

$$C_p = \left[\frac{g\left(\dfrac{E_t}{\rho_{rel}}\right)^{1/3}}{U_r^{2}}\left(\frac{\rho_{rel}-\rho_a}{\rho_a}\right)\right]^{1/2} > 0.2 \tag{9-2}$$

式中：U_r—— 环境风速，m/s；

g—— 重力加速度，9.806 m/s²；

E_t —— 泄漏物质总量，kg；

ρ_{rel} —— 泄漏密度，kg/m³；

ρ_a —— 空气密度，kg/m³。

E_t 必须根据排放速率（E）和泄漏持续时间计算，如式（9-3）所示：

$$E_t = E_{\Delta t} \tag{9-3}$$

式中：Δt —— 泄漏持续时间，s。

如果已知储罐容积，则也可计算 E_t 值：

$$E_t = \frac{V_t}{\rho_s} \tag{9-4}$$

式中：V_t —— 储罐总容积，m³；

ρ_s —— 储存密度，kg/m³。

理查德森数计算关键参数计算方法：

$$\rho_g = \frac{P_a M}{R T_{rel}} \tag{9-5}$$

式中：ρ_g —— 排放物质进入大气的初始密度，kg/m³；

P_a —— 环境压力，Pa；

R —— 气体常数，–8 314 J/（kmol·K）；

M —— 摩尔质量，kg/kmol；

T_{rel} —— 物质泄漏温度，K。

理查德森数计算关键参数计算方法（低动量泄漏）：

$$D_{rel} = \sqrt{\frac{2}{U_r}\left(\frac{E}{\rho_{rel}}\right)} \tag{9-6}$$

式中：D_{rel} —— 膨胀发生后的泄漏源直径，m；

U_r —— 环境风速，m/s；

E —— 排放速度，kg/s；

ρ_{rel} —— 排放密度，kg/m³。

理查德森数计算关键参数计算方法（高动量泄漏）：

$$D_{rel} = D_s \sqrt{\frac{\rho_s}{\rho_{rel}}} \qquad (9\text{-}7)$$

式中：D_{rel}—— 膨胀发生后的泄漏源直径，m；

$\quad\quad\ D_s$—— 洞或者排气筒的直径，m；

$\quad\quad\ \rho_s$—— 洞口处密度，kg/m^3；

$\quad\quad\ \rho_{rel}$—— 排放密度，kg/m^3。

9.3　影响扩散的因素

对于风险物质的意外泄漏，需要了解泄漏的"最坏情况"影响。要确定在最坏情况下的影响，应考虑提供最大或最有效泄漏速率和最不利气象扩散条件的输入。当假设储罐最满且孔洞尺寸最大时（储罐全破裂），就会产生最大泄漏速率。对于大多数泄漏，最有效泄漏速率等于最大泄漏速率。非喷射地面泄漏的最不利气象条件是那些与非常稳定的大气条件和低风速有关的条件，这些条件通常导致较差扩散。对于其他泄漏（如喷射泄漏），则需要对多个稳定度等级和风速进行建模，以确定最坏气象条件。

模型处理需要涉及几个传输区域：喷射区域、重力下降区域、重力扩散到大气扩散区域的转换过渡区域、最后是大气扩散区域。每个区域的最坏情况影响输入因每个区域不同而变化，因此下风向距离也不同。例如，高风速可能对喷射区域影响不大，但却会对大气扩散区域产生显著影响。稳定度等级对喷射和重力下降区域的影响不大，但如果高风速泄漏扩散主要由以大气混合控制为主，那么稳定度等级变得更加重要就会产生较大影响（图 9-1）。

最坏情况影响输入随关注影响的函数而变化。导致给定浓度最大下风向最大距离的输入条件可能与导致最大面积影响的条件不同。此外，在确定最大下风向距离时，低浓度区的最坏影响输入可能与高浓度区域的最坏输入不同。

因此，有必要通过灵敏度敏感性分析研究以确定哪些输入参数对特定模型最重要，以此评估每个模型的输入。

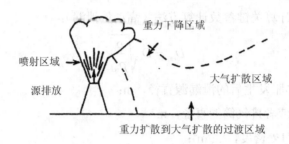

图 9-1　扩散区域

（1）出口速度、排放速率和喷射流

如果使用非源项模型，则只有在考虑是否也应更改其他参数以实现自洽性时，才更改调整出口速度。增加出口速度意味着必须减小泄漏直径或者必须增加流过孔洞的总体积（排放速率），排放速率与出口速度有关。

喷射流是根据出口速度与环境风速的比较来定义的。在较低环境风速下，喷射流将出现明显的混合。当环境风速接近出口速度时，由于速度差异导致混合减少，高浓度的输送得到加强。因此，最坏情况影响发生在低风速条件下的假设不一定适用于喷射流泄漏。事实上，对于高速泄漏，高风速可能导致更大的影响。

当液体或气体泄漏导致气体和/或气溶胶喷射时，假设为了保证质量守恒而改变喷射流的排放速率和出口速度，增加喷射流的排放速率可能降低喷射流对浓度的影响。这一影响取决于关注浓度水平限值。排放速率的增加会导致出口速度的增加，反之又会导致更大湍流和更大近场混合，从而导致更高的浓度更快地消散。在泄漏的喷射范围之外存在的较低浓度可能会到达更远的下风向方向距离。

喷射流对稳定性等级的依赖性较低。只有在泄漏物的喷射流部分喷完后，羽流才会依赖于稳定性等级。这意味着，如果喷射泄漏的近场影响有差异，则由于稳定度等级的变化而造成的差别将很小。

（2）泄漏温度

蒸气的泄漏温度越低，泄漏出的气体就越有可能表现为稠密气体。较高的蒸气泄漏温度会导致较低的密度，而这将降低其表现为稠密气体的趋势。如果泄漏温度不确定，则应使用最冷的温度。在温度未知或未计算温度的情况下，则使用沸点或环境温度中的较低温度。

（3）泄漏直径

在大多数源项模型中，要求输入孔洞大小或泄漏直径。当这个参数改变时，会同时影响排放速率和出口速度。

（4）泄漏高度

对于稠密气体，高架泄漏可能会迅速下降到地面。泄漏物与环境温度之间的密度差越大，泄漏物就越有可能落向地面。

（5）地面温度

对于液体泄漏，液体下落的表面温度越高，蒸发速率越大。应使用较高的地面温度来获得最大的排放速率。与液体泄漏相比，气体泄漏中地面温度的影响不如液体泄漏那么显著。在气体泄漏中，地面温度会对泄漏物质和大气中的空气产生类似的影响，故泄漏气体和空气之间的差异不会有显著增加或减少。

（6）气象状态条件

环境温度：如果使用源项模型，以液体的形式泄漏物质，且温度高于或低于泄漏液体的沸点，则环境温度会产生很大的影响。在这种情况下，温度将影响泄漏速率和泄漏物质的初始浓度。环境温度也会影响泄漏的扩散度。如果环境温度高于泄漏温度，则泄漏的羽流将比环境空气密度大，并且羽流可能下降。反之，如果泄漏温度高于环境温度，则羽流可能趋于上升。移动羽流的垂直位置会导致产生不同的影响，尤其是在梯度最大的近场环境中。

风速：如果使用源项模型，则风速的增加会增加液体泄漏物的蒸发速率。然而，风速的增加也会加快泄漏物质进入大气中的扩散速度。

稳定度等级：对于复杂模型的稳定度等级应采用与高斯模型基本相同的处理方法。由于许多泄漏来自高架源，最稳定的条件并不总是会导致最大的地面影响。正如用于模拟高架泄漏的高斯模型一样，在相对不稳定的大气条件下，泄漏的物质在地面上可形成更高浓度的混合物。

与高斯模型模拟不同的是，在复杂模型模拟中泄漏可能基本不受稳定度等级的影响，会有与稳定度等级几乎无关的泄漏——至少在近场环境中是这样。喷射和强浮力（正向和负向）泄漏是由受动量湍流而非大气湍流的驱动。

　　如果泄漏物不再是喷射流，也不是重气体泄漏，该泄漏就与其他可以用高斯模型模拟的羽流没什么不同。如果泄漏物不是喷射流，且发生在地面上，该泄漏很可能受到与高斯模型相同的最坏情况气象条件的影响。

9.4　平均时间的物理概念

　　有害化学物质泄漏通常持续时间较短，相关浓度取短期平均值。有害气体泄漏的典型问题是最大短期浓度和最大剂量。许多有害空气污染物模型旨在提供单位平均时间（1 s～1 h）的浓度预测。从人群浓度暴露角度来看，应根据所选择的浓度限值确定平均时间。例如，"短期暴露限值"（STEL）的隐含时间间隔为 15 min，"立即危及生命和健康限值"（IDLH）的隐含时间间隔为 30 min，"应急响应规划指南"（ERPG）的隐含时间间隔为 60 min。相比之下，大多数标准污染物监管模型基本采用平均 1 h 的浓度估算。

9.5　大气环境风险预测结果的表达

　　大气环境风险预测结果包括以下 3 个方面。

　　①下风向不同距离处有毒有害物质的最大浓度，以及预测浓度达到不同毒性终点浓度的最大影响范围。

　　②各关心点的有毒有害物质浓度随时间变化情况，以及关心点的预测浓度超过评价标准时对应的时刻和持续时间。

　　③对于存在极高大气环境风险的建设项目，应开展关心点概率分析，以反映关心点处人员在无防护措施条件下受到伤害的可能性。

第 10 章　大气伤害概率分析

在各种突发环境事件中，如果有毒有害物质进入大气环境，通过在大气中的扩散、运移，潜在对环境造成严重危害的可能性，尤其是对处于某一场所且无防护人员的伤害，会危及公众身体健康从而造成重大社会影响。在环境影响途径识别、事故情形设定的基础上，采用大气风险预测模型进行有毒有害物质气体扩散后果预测，根据有毒有害物质在大气中扩散的预测结果，可以分析大气环境风险的影响范围和程度。为降低或减弱有毒有害物质在大气中扩散造成对人员或公众的急性伤害，确定大气环境风险防范的基本要求，反映关心点处人员在无防护措施条件下受到伤害的可能性，大气环境风险预测结果可采用后果分析、概率分析等方法开展定性或定量评价。有毒有害物质在大气环境中扩散和运移的环境危害表征之一是对建设项目周围公众的伤害影响，同时考虑不同防护目标中人员的疏散难易和受到伤害的可能性，《建设项目环境风险评价技术导则》（HJ 169—2018）中设置了大气伤害概率分析。大气伤害概率分析主要考虑可能受事故危害的关心点处人员或公众的急性伤害。

10.1　估算方法选取综述

建设项目环境风险是指突发性事故对环境的危害和影响。有毒有害物质在大气中扩散，可能会直接威胁到周围关心点处人员人身安全。作为一种大气环境风险的危害后果之一，以人员伤亡来分析有毒有害物质危害后果可以采用概率函数来表征。需要注意的是，大气伤害概率不是环境风险值，建设项目的环境风险危害后果除了造成人员伤害，还可能造成植被破坏、财产损失、建筑物破坏、水污染事件等，如果用建设项目环境风险值判断项目的环境风险大小，还需要不断研究和归纳。

有毒有害物质对人员的伤害与人员所在地点的气象条件、有毒有害物质泄漏频率、人员可能接触到的有毒有害物质浓度和持续时间有关。实际上，关心点处有毒有害物质浓度和持续时间表示的是关心点处的毒性负荷。大气伤害概率被定义为影响关心点的气象条件频率、泄漏事故频率、毒性负荷换算为中毒死亡概率的积。

大气伤害概率＝影响关心点的气象条件频率×泄漏事故频率×死亡概率

大气伤害概率仅考虑有毒有害物质在大气中扩散对周围人员的伤害。在建设项目事故状态下释放到大气中的有毒有害物质在大气中扩散，可能有对人员健康显现毒性效应或对人员安全疏散起到警示。因有毒有害物质的毒理性质不同，在关心点处有毒物质的浓度和持续时间决定了其危害后果。有毒有害物质在大气中扩散危害后果可以直接采用与某一确定的可能对人员健康产生危害的"阈值"进行比较，以确定是否对人员产生危害，也可以采用概率单位函数分析危害后果的不确定性。

（1）气象条件频率

对关心点产生影响的气象条件可以从当地的气象要素统计分析中获得。实际上释放源与关心点之间的相对位置关系是影响关心点有毒有害物质浓度的重要因素之一。对关心点位于事故源的下风向方位和距离，直接影响危险物质的扩散浓度。影响关心点的气象条件频率具有一定的不确定性，而大气扩散预测模型估算的有害物质浓度也存在一定的不确定性。

（2）泄漏事故频率

发生事故的源通常位于建设项目生产工艺中的设备、管道等，各种设备、管道等发生事故的概率大。对于事故概率在定量风险评估中应用比较多，已经有很多基础资料的统计，如《石化装置定量风险评估指南》中介绍了设备失效概率的基础数据库，包括 CCPS 的 PERD 数据库、DNV 的 OREDA 数据库、WORD 数据库、NPD 数据库等，一些大型石化企业集团还有自己的设备失效概率库，如 BP 公司的数据库等。设备失效概率不一定是泄漏事故频率，但通常情况下可以将设备失效概率作为环境风险评价专题中大气伤害概率的泄漏事故概率。《建设项目环境风险评价技术导则》（HJ 169—2018）中收集整理了一些设备失效概率作为泄漏事故频率，包括容器、管道、泵体、压缩机、装卸臂和装卸软管的泄漏和破裂等（表 10-1）。在《石化装置定量风险评估指南》中常用的一些设备失效概率见表 10-2。

在《基于风险检验的基础方法》（SY/T 6714—2008）中给出了建议的同类设备失效概率值，节选的部分失效概率见表10-3。

表10-1 HJ 169—2018 收集的泄漏频率

部件类型	泄漏模式	泄漏频率
反应器/工艺储罐/气体储罐/塔器	泄漏孔径为 10 mm	$1.00×10^{-4}$/a
	10 min 内储罐泄漏完	$5.00×10^{-6}$/a
	储罐全破裂	$5.00×10^{-6}$/a
常压单包容储罐	泄漏孔径为 10 mm	$1.00×10^{-4}$/a
	10 min 内储罐泄漏完	$5.00×10^{-6}$/a
	储罐全破裂	$5.00×10^{-6}$/a
常压全包容储罐	储罐全破裂	$1.00×10^{-4}$/a
内径≤75 mm 的管道	泄漏孔径为 10%孔径	$5.00×10^{-6}$/（m·a）
	全管径泄漏	$1.00×10^{-6}$/（m·a）
75 mm＜内径≤150 mm 的管道	泄漏孔径为 10%孔径	$2.00×10^{-6}$/（m·a）
	全管径泄漏	$3.00×10^{-7}$/（m·a）
内径＞150 mm 的管道	泄漏孔径为 10%孔径（最大 50 mm）	$5.00×10^{-7}$/（m·a）*
	全管径泄漏	$1.00×10^{-7}$/（m·a）
泵体和压缩机	泵体和压缩机最大连接管，泄漏孔径为 10%孔径（最大 50 mm）	$5.00×10^{-4}$/a
	泵体和压缩机最大连接管，全管径泄漏	$1.00×10^{-4}$/a
装卸臂	装卸臂连接管，泄漏孔径为 10%孔径（最大 50 mm）	$3.00×10^{-7}$/h
	装卸臂全管径泄漏	$3.00×10^{-8}$/h
装卸软管	装卸软管连接管，泄漏孔径为 10%孔径（最大 50 mm）	$4.00×10^{-5}$/h
	装卸软管全管径泄漏	$4.00×10^{-6}$/h

注：上述数据分别来源于荷兰 TNO 紫皮书（Guidelines for Quantitative）以及 Reference Manual Bevi Risk Assessments；*来源于国际油气协会（International Association of Oil&Gas Producers）发布的 Risk Assessment Data Directory（2010，3）。

表10-2 用于定量风险评价的泄漏概率

部件类型	泄漏模式	泄漏概率
容器	泄漏孔径 1 mm	$5.00×10^{-4}$/a
	泄漏孔径 10 mm	$1.00×10^{-5}$/a
	泄漏孔径 50 mm	$5.00×10^{-6}$/a
	整体破裂	$1.00×10^{-6}$/a
	整体破裂（压力容器）	$6.50×10^{-5}$/a

部件类型	泄漏模式	泄漏概率
内径≤50 mm 的管道	泄漏孔径 1 mm 全管径泄漏	$5.70×10^{-5}$（m/a） $8.80×10^{-7}$（m/a）
50 mm<内径≤150 mm 的管道	泄漏孔径 1 mm 全管径泄漏	$2.00×10^{-5}$（m/a） $2.60×10^{-7}$（m/a）
内径>150 mm 的管道	泄漏孔径 1 mm 全管径泄漏	$1.10×10^{-5}$（m/a） $8.80×10^{-8}$（m/a）
离心式泵体	泄漏孔径 1 mm 整体破裂	$1.80×10^{-3}$/a $1.00×10^{-5}$/a
往复式泵体	泄漏孔径 1 mm 整体破裂	$3.70×10^{-3}$/a $1.00×10^{-5}$/a
离心式压缩机	泄漏孔径 1 mm 整体破裂	$2.00×10^{-3}$/a $1.10×10^{-5}$/a
往复式压缩机	泄漏孔径 1 mm 整体破裂	$2.70×10^{-2}$/a $1.10×10^{-5}$/a
内径≤150 mm 手动阀门	泄漏孔径 1 mm 泄漏孔径 50 mm	$5.50×10^{-2}$/a $7.70×10^{-8}$/a
内径>150 mm 手动阀门	泄漏孔径 1 mm 泄漏孔径 50 mm	$5.50×10^{-2}$/a $4.20×10^{-8}$/a
内径≥150 mm 驱动阀门	泄漏孔径 1 mm 泄漏孔径 50 mm	$2.6×10^{-4}$/a $1.9×10^{-6}$/a

注：上述数据分别来源于 DNV、Crossthwaite et al.和 COVO Study。

表 10-3　同类设备失效概率值节选

设备类型	泄放频率（1 a，4 个孔径）			
	6.35 mm	25.4 mm	101.6 mm	破裂
单密封离心泵	$6×10^{-2}$	$5×10^{-4}$	$1×10^{-4}$	—
双密封离心泵	$6×10^{-3}$	$3×10^{-4}$	$1×10^{-4}$	—
塔器	$8×10^{-5}$	$2×10^{-4}$	$2×10^{-5}$	$6×10^{-6}$
离心压缩机	—	$1×10^{-3}$	$1×10^{-4}$	
往复式压缩机	—	$6×10^{-3}$	$6×10^{-4}$	
过滤器	$9×10^{-4}$	$1×10^{-4}$	$5×10^{-5}$	$1×10^{-5}$
压力容器	$4×10^{-4}$	$1×10^{-4}$	$1×10^{-5}$	$6×10^{-6}$
反应器	$1×10^{-4}$	$3×10^{-4}$	$3×10^{-5}$	$2×10^{-6}$
往复泵	0.7	0.01	0.001	0.001
常压储罐	$4×10^{-5}$	$1×10^{-4}$	$1×10^{-5}$	$2×10^{-5}$

（3）有毒有害物质大气扩散浓度的死亡概率

危险物质的泄漏在大气中扩散或火灾、爆炸等引发的伴生/次生有毒有害物质排放，对人员的伤害后果，按距离事故发生源的远近可以划分为死亡区、重伤区、轻伤区和安全区。死亡区内的人员如缺少防护措施，将遭受严重伤害或死亡，通常可以用死亡概率大于 0.5 表示，即死亡区内人员的死亡概率为 50% 以上。

暴露于有毒有害物质气团下、无任何防护的人员，因物质毒性而导致死亡的概率可查表 10-4 或按式（10-1）、式（10-2）估算。

表 10-4　毒性计算中各 Y 值所对应的死亡百分率

死亡率/%	0	1	2	3	4	5	6	7	8	9
0	—	2.67	2.95	3.12	3.25	3.36	3.45	3.52	3.59	3.66
10	3.72	3.77	3.82	3.87	3.92	3.96	4.01	4.05	4.08	4.12
20	4.16	4.19	4.23	4.26	4.29	4.33	4.26	4.39	4.42	4.45
30	4.48	4.50	4.53	4.56	4.59	4.61	4.64	4.67	4.69	4.72
40	4.75	4.77	4.80	4.82	4.85	4.87	4.90	4.92	4.95	4.97
50	5.00	5.03	5.05	5.08	5.10	5.13	5.15	5.18	5.20	5.23
60	5.25	5.28	5.31	5.33	5.36	5.39	5.41	5.44	5.47	5.50
70	5.52	5.55	5.58	5.61	5.64	5.67	5.71	5.74	5.77	5.81
80	5.84	5.88	5.92	5.95	5.99	6.04	6.08	6.13	6.18	6.23
90	6.28	6.34	6.41	6.48	6.55	6.64	6.75	6.88	7.05	7.33
99	0.0	0.1	0.2	0.3	0.4	0.5	0.6	0.7	0.8	0.9
—	7.33	7.37	7.41	7.46	7.51	7.58	7.58	7.65	7.88	8.09

$$P_E = 0.5 \times \left[1 + \mathrm{erf} \left(\frac{Y-5}{\sqrt{2}} \right) \right] \quad （Y \geqslant 5 \text{ 时}） \qquad （10\text{-}1）$$

$$P_E = 0.5 \times \left[1 - \mathrm{erf} \left(\frac{|Y-5|}{\sqrt{2}} \right) \right] \quad （Y < 5 \text{ 时}） \qquad （10\text{-}2）$$

式中：P_E —— 人员吸入毒性物质而导致急性死亡的概率；

　　　Y —— 中间量。可采用式（10-3）估算：

$$Y = A_t + B_t \ln \left[C^m \cdot t_e \right] \tag{10-3}$$

式中：A_t、B_t 和 n —— 与毒物性质有关的参数，见表 10-5；

　　　C —— 接触的质量浓度，mg/m^3；

　　　t_e —— 接触 C 质量浓度的时间，min。

有毒有害物质在空气中的扩散，在关心点处按大气扩散预测的浓度结果和持续时间，估算中间变量 Y，通过查表或按公式估算关心点处死亡概率。表 10-4 中第 1 列表示的是死亡概率为 0～99%，第一行 0～9 表示的是死亡概率的个位数，表中最后两行表示了死亡概率为 99%～99.9%的对应 Y 值。根据死亡概率估算公式或表 10-4，当中间变量 $Y > 5.0$ 时，死亡概率将大于 50%，有毒有害物质的浓度将对人员产生非常严重的后果；当 $Y = 2.67$ 时，死亡概率 $P_E = 1\%$；当 $Y = 5.0$ 时，$P_E = 50\%$；当 $Y = 7.37$ 时，$P_E = 99.1\%$；当关心点处预测浓度和持续时间估算的 $Y = 5.15$ 时，对应的死亡概率 $P_E = 56\%$ 或 $P_E = 0.56$；当关心点处预测浓度和持续时间估算的 $Y = 3.45$ 时，对应的死亡概率 $P_E = 6\%$ 或 $P_E = 0.06$。

表 10-5　几种有毒有害物质的参数

物质	A_t	B_t	n
丙烯醛	−4.1	1	1
丙烯腈	−8.6	1	1.3
烯丙醇	−11.7	1	2
氨	−15.6	1	2
甲基谷硫磷（Azinphos-methyl）	−4.8	1	2
溴	−12.4	1	2
一氧化碳	−7.4	1	1
氯	−6.35	0.5	2.75
环氧乙烷	−6.8	1	1
氯化氢	−37.3	3.69	1
氰化氢	−9.8	1	2.4
氟化氢	−8.4	1	1.5
硫化氢	−11.5	1	1.9
溴甲烷	−7.3	1	1.1

物质	A_t	B_t	n
异氰酸甲酯（Methylisocyanate）	−1.2	1	0.7
二氧化氮	−18.6	1	3.7
对硫磷（Parathion）	−6.6	1	2
光气	−10.6	2	1
磷酰胺酮（Phosphamidon）	−2.8	1	0.7
磷化氢	−6.8	1	2
二氧化硫	−19.2	1	2.4
四乙基铅（Tetraethyllead）	−9.8	1	2

注：单位为 mg/m^3，有毒物质接触时间单位为 min。以上数据来源于荷兰 TNO 紫皮书（Guidelines for Quantitative）。

10.2　估算方法计算公式

HJ 169—2018 中大气伤害概率被定义为影响关心点的气象条件频率、泄漏事故频率、毒性负荷换算为中毒死亡概率的积，在估算大气伤害概率中，每项有各自的估算方法。

（1）气象条件频率的统计分析

建设项目所在地的气象条件统计，反映了区域气象条件。对有毒有害物质在大气中的扩散，影响关心点处较大的气象条件主要是风向和风速，关心点位于事故排放源的下风向才能对关心点产生影响，风向频率决定了事故源对关心点影响程度。

建设项目环境影响评价工作中会收集区域气象资料，包括长期气象统计资料和近年逐时气象资料。气象资料统计分析中，可以按大气稳定度、风速段、风向频率统计区域气象条件，也可统计近三年或近一年的风向、风速。在气象资料统计中的大气稳定度分类方法可以参考《大气污染物无组织排放监测技术导则》（HJ/T 55—2000）或其他方法。联合频率给出了相对可能影响对关心点的大气稳定度、风速段、风向联合频率，在保守考虑气象条件对关心点浓度的影响，将大气稳定度、风速段频率合并到风向频率时，风向频率是最主要的气象条件的概率。

一般建设项目通过收集 20 年气象资料可以统计出区域的风向频率（表 10-6），也可以统计出近年风向频率。在大气伤害概率估算中，确定的事故源下风向关心点处 1 或 2 个风向方位可能受到事故的影响，选取 1 或 2 个风向的频率作为气象条件频率。

表 10-6　20 年气象资料统计的风向频率

风频/% 月	N	NNE	NE	ENE	E	ESE	SE	SSE	S	SSW	SW	WSW	W	WNW	NW	NNW	C	平均 风速/ (m/s)
1	6.9	15.6	25.7	22.9	9.4	4.7	1.8	0.4	0.7	0.6	0.2	0.2	0.3	0.8	1.0	1.9	6.8	2.4
2	4.5	10.6	19.2	24.7	12.7	6.3	2.5	1.1	2.7	0.8	1.0	0.9	0.9	1.0	1.5	1.2	8.3	2.5
3	4.3	6.5	19.2	24.7	12.1	6.7	3.3	1.7	2.8	2.1	1.2	1.6	1.3	1.1	1.6	1.5	8.6	2.4
4	2.3	6.4	14.8	20.7	11.3	5.6	3.3	2.4	6.6	4.5	3.1	3.3	2.5	1.4	2.4	2.0	7.7	2.2
5	2.0	4.4	12.5	18.9	11.3	6.7	3.3	3.0	7.3	5.0	4.7	5.0	3.3	1.9	2.2	1.7	6.7	2.2
6	1.5	2.1	5.5	9.5	8.1	4.8	3.8	4.1	11.6	8.5	10.1	9.8	7.5	2.3	2.4	1.4	7.0	2.2
7	1.9	3.0	5.4	7.8	7.6	5.4	4.0	5.0	11.0	6.3	7.4	9.4	10.3	4.1	3.5	2.0	5.9	2.2
8	3.4	5.0	7.9	8.4	7.7	6.1	5.4	4.0	8.0	5.6	5.2	6.1	7.9	4.5	5.4	2.5	8.1	2.1
9	4.7	9.4	17.6	16.7	10.3	5.7	3.8	3.0	4.0	1.5	1.5	1.7	1.8	2.6	3.9	3.4	8.5	2.2
10	5.6	15.1	25.6	23.5	10.7	5.0	2.1	0.7	1.0	0.2	0.3	0.2	0.7	1.0	1.6	2.5	4.2	2.6
11	7.7	16.0	26.9	23.4	9.5	4.5	0.9	0.7	0.5	0.5	0.3	0.1	0.5	0.5	0.8	4.9	2.5	
12	9.6	18.8	24.7	21.7	8.3	3.3	1.3	0.7	0.3	0.2	0.2	0.2	0.1	0.9	3.5	6.0	2.5	
年	4.5	9.4	17.1	18.5	9.9	5.4	2.8	2.4	4.8	3.0	2.9	3.2	3.1	1.8	2.3	2.2	6.9	2.3

（2）泄漏事故频率统计分析

大气伤害概率估算基于系统不确定性和后果的研究，需要一定的技术经验模型、大量分析数据以及系统管理工程基础。基于事故发生是产生大气扩散的基础，出现事故的频率统计可以作为大气伤害概率估算中泄漏事故频率。目前，事故概率尚需进一步研究和数据资料的统计分析，还需通过更多持续性的基础研究不断完善。作为资料性的泄漏事故频率，可以引用一些国外或其他国内统计数据。当确定事故情形估算源强时，应尽量避开"朗福德陷阱"（来自澳大利亚 Longford 炼油厂的管理模式），要充分考虑事故的概率和事故后果的严重程度，不宜选取事故频率极低但后果极为严重的事故情形。

（3）死亡概率的分析方法

大气伤害概率估算中，P_E 服从概率分布，其中 erf（x）可以数值计算，其近似计算公式如下：

$$\mathrm{erf}(x) = 1 - (1 + \sum_{i=1}^{6} a_i x^i)^{-16} \left(x = \frac{|u|}{\sqrt{2}} \right)$$
（10-4）

式中：a_1=0.070 523 078 4

a_2=0.042 282 012 3

a_3=0.009 270 527 2

a_4=0.000 152 014 3

a_5=0.000 276 567 2

a_6=0.000 043 063 8

上述近似公式的最大绝对误差是 1.3×10^{-7}。实际工作中可以使用 Microsoft Excel 工作表中的函数 erf（x）求值，见表 10-7。

表 10-7　关心点大气伤害概率估算中死亡概率的估算方法

Y	erf（x）	P_E	Y	erf（x）	P_E
2.0	0.997	0.001	5.0	0.000	0.500
2.1	0.996	0.002	5.1	0.080	0.540
2.2	0.995	0.003	5.2	0.159	0.579
2.3	0.993	0.003	5.3	0.236	0.618
2.4	0.991	0.005	5.4	0.311	0.655
2.5	0.988	0.006	5.5	0.383	0.691
2.6	0.984	0.008	5.6	0.451	0.726
2.7	0.979	0.011	5.7	0.516	0.758
2.8	0.972	0.014	5.8	0.576	0.788
2.9	0.964	0.018	5.9	0.632	0.816
3.0	0.954	0.023	6.0	0.683	0.841
3.1	0.943	0.029	6.1	0.729	0.864
3.2	0.928	0.036	6.2	0.770	0.885
3.3	0.911	0.045	6.3	0.806	0.903
3.4	0.890	0.055	6.4	0.838	0.919

Y	erf (x)	P_E	Y	erf (x)	P_E
3.5	0.866	0.067	6.5	0.866	0.933
3.6	0.838	0.081	6.6	0.890	0.945
3.7	0.806	0.097	6.7	0.911	0.955
3.8	0.770	0.115	6.8	0.928	0.964
3.9	0.729	0.136	6.9	0.943	0.971
4.0	0.683	0.159	7.0	0.954	0.977
4.1	0.632	0.184	7.1	0.964	0.982
4.2	0.576	0.212	7.2	0.972	0.986
4.3	0.516	0.242	7.3	0.979	0.989
4.4	0.451	0.274	7.4	0.984	0.992
4.5	0.383	0.309	7.5	0.988	0.994
4.6	0.311	0.345	7.6	0.991	0.995
4.7	0.236	0.382	7.7	0.993	0.997
4.8	0.159	0.421	7.8	0.995	0.997
4.9	0.080	0.460	7.9	0.996	0.998

10.3　估算方法参数的选择

在大气伤害概率估算中，死亡概率估算相对比较复杂。有毒有害物质对人体伤害，主要体现在关心点处物质浓度的毒性负荷，即浓度与时间的积。人员伤害的物质毒性按 LC_{50} 来衡量。一般的物质 LC_{50} 是通过各种动物试验得到的，对人员的危害需要通过折算来确定。荷兰 TON 绿皮书（CPR16E Method for the determination of possible damage）中给出了折算方法，针对动物实验的时间长度，NIOSH（https://www.cdc.gov/niosh/idlh/）提出了调整为 30 min 的计算方法：

$$\text{Adjusted } LC_{50} \text{（30 minutes）} = LC_{50}（t）\cdot（t/0.5）^{(1/n)} \qquad (10\text{-}5)$$

通常有毒物质对人员的死亡率来自物质毒性 LC_{50} 数据的统计分析方法。死亡率由半致死浓度动物试验数据统计分析得到，毒性剂量与死亡百分数的关系见图 10-1。在实验数据统计分析中，对数指标可以回归为直线，其死亡率服从概率值函数。正如投掷硬币出现正反面的概率趋于 0.5，但其概率服从正态分布。

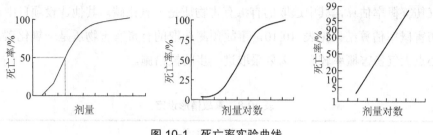

图 10-1　死亡率实验曲线

Probit 模型是一种广义的线性模型，服从正态分布，事件发生的概率依赖于解释变量，即 $P(Y=1)=f(X)$，也就是说，$Y=1$ 的概率是一个关于 X 的函数。概率函数法是通过关心点处人员接触到一定浓度的有毒有害物质和持续时间来表述影响后果的概率。中间变量 Y 与接触有毒有害物质及持续时间关系如下：

$$Y = A_t + B_t \ln \left[C^n \cdot t_e \right] \tag{10-6}$$

式中，$\left[C^n \cdot t_e \right]$ 为有毒物质剂量负荷，荷兰 TNO 紫皮书（Guidelines for Quantitative）给出了部分物质的常数。通常 B_t 从保守的角度取 1.0，在浓度定义为 LC_{50} 和接触时间 30 min 时，$P_E=0.5$，$Y=5.0$，即 $5.0=A_t+\ln[(LC_{50})n \cdot 30]$。在浓度很低时，如 $P_E=0.01$，$Y=2.67$。

10.4　估算方法使用情形

关心点处大气伤害概率的估算，主要是对突发大气环境事件应急预案的编制提出要求。显然，当大气伤害概率相对较大时，在编制环境事件应急预案应充分考虑可能产生的危害，采取积极的应对措施。

10.5　估算方法计算案例

[例]　建设项目环评中一般距环境保护目标有一定的距离，在大气伤害概率 P_E 估算中有可能存在数值较小的情况。表 10-8 和表 10-9 是项目事故情形设定和

大气伤害概率估算，其中选取的有毒有害物质是一氧化碳。其他建设项目中对大气伤害概率估算结果见表 10-10，事故预测选取的有毒有害物质是一氧化碳，B_1 关心点大气伤害概率较高，需要采取进一步防控措施。

表 10-8　事故情形设定

风险事故情形分析					
代表性风险事故情形描述	CO 管线泄漏扩散				
环境风险类型	有毒有害物质泄漏扩散				
泄漏设备类型	管线	操作温度/℃	222	操作压力/MPa	4.2
泄漏危险物质	CO	最大存在量/kg	1 224	泄漏孔径/mm	—
泄漏速率/（kg/s）	4.08	泄漏时间/min	5	泄漏量/kg	1 224
泄漏高度/m	71	泄漏液体蒸发量/kg	—	泄漏频率	$6×10^{-7}$/a

事故后果预测					
大气	危险物质	大气环境影响			
		指标	浓度值/（mg/m³）	最远影响距离/m	到达时间/min
		大气毒性终点浓度-1	380	1 210	5
		大气毒性终点浓度-2	95	3 060	36
	CO	敏感目标名称	超标时间/min	超标持续时间/min	最大浓度/（mg/m³）
		A_1	—	—	1.48
		A_2	—	—	4.19
		A_3	—	—	68.50
		A_4	—	—	8.86
		A_5	—	—	5.96
		A_6	—	—	4.83
		A_7	—	—	7.51

表 10-9　大气伤害概率估算（CO）

敏感目标名称	最大质量浓度/（mg/m³）	t_e 接触 C 质量浓度的时间/min	Y 值	P_E
A_1	1.48	5	−5.40	—
A_2	4.19	35	−2.41	—
A_3	68.50	35	0.38	—
A_4	8.86	35	−1.66	—
A_5	5.96	35	−2.06	—
A_6	4.83	35	−2.27	—
A_7	7.51	45	−1.83	—

表 10-10　大气伤害概率估算

关心点	方位	接触浓度/（mg/m³）	气象条件频率/%	大气伤害概率估算（P_E）
B_1	S	833.3	8	$4.56×10^{-7}$
B_2	NW	76.7	3	$1.10×10^{-10}$
B_3	SE	61.8	6	$8.65×10^{-11}$
B_4	N	43.3	6	$1.70×10^{-11}$
B_5	SE	31.5	6	$3.62×10^{-12}$

　　大气伤害概率估算是建设项目环境风险评价专题中大气扩散途径的危害后果分析评价方法之一。大气伤害概率尚不能表述建设项目的环境风险值，需要更多的基础数据统计分析和方法论的研究。关心点处大气伤害概率的估算，通过分析各关心点大气伤害概率数值，对关心点处的环境风险防控能起到积极的作用。当大气伤害概率相对较高时，在编制环境事件应急预案应充分考虑可能产生的危害，采取积极的应对措施。

第11章 有毒有害物质在水环境中的运移扩散

11.1 风险事故情形设定

风险事故情形包括有毒有害物质泄漏，以及火灾、爆炸等引发的伴生/次生事故。对不同环境要素产生影响的事故情形，应在环境风险识别的基础上筛选并进行情形设定。设定的事故情形应具有危险物质、环境危害、危害途径等方面的代表性。

（1）地表水环境风险事故情形

在事故状况下对地表水环境的风险影响情形，主要考虑两个方面：一是毒有害物质进入水环境的途径，包括事故直接导致的和事故处理处置过程间接导致的有毒有害物质进入水体。另一方面是有毒有害物质进入水体的方式，一般包括"瞬时源"和"有限时段源"。

对于导致有毒有害物质扩散的泄漏型事故，以及火灾、爆炸等引发的伴生/次生事故的源强在第6章、第7章中已给出了推荐的源强计算方法及事故情形设定原则，设定的情形发生可能性应处于合理的区间，建设项目事故源项发生频率小于 10^{-6} 次/a 事件是极小概率事件，可作为最大可信事故设定的参考，极端事故风险防控及应急处置应结合所在园区/区域环境风险防范体系统筹考虑。

（2）地下水环境风险事故情形

对于地下水事故情形源项设定主要考虑两种类型：一类为事故风险源垂向泄漏，直接进入土壤和地下水，源强可按照伯努利方程（漏点个数≤3个、直径≤2 cm），或泄漏量占事故源总储存量5%进行计算；另一类为事故风险源发生火灾、爆炸等风险，土壤和地下水污染防渗措施完全失效，需按照工程分析产生废水量确定源强。

11.2　水环境预测模型介绍

水环境预测模型主要用于科学、定量地预测风险发生后有毒有害物质进入水体的影响范围与程度。依据风险识别结果，有毒有害物质进入水体的方式、水体类别及特征，以及有毒有害物质的溶解性，选择适用的预测模型。预测最不利条件下的典型代表性时段危险物质泄漏对水环境的影响。最不利条件应考虑两种情况，即危险物质进入水体后不易稀释扩散和危险物质最快到达邻近的水环境保护目标。

11.2.1　地表水预测模型综述

基于有毒有害物质进入水体后的运移扩散规律（横向、垂向、纵向）可采取不同的模型进行预测分析。模型参数可采用类比、经验公式、实验室测定、物理模型试验、现场实测及模型率定等比对确定。当采用数值解模型时，宜采用模型率定法确定模型参数。

（1）纵向一维水质影响预测模式

对宽深比不大的河流和渠道，有毒有害物质在较短的时间（距离）内达到全断面均匀混合，可以采用纵向一维模型计算断面平均的水流及水质情况。如果河流形态不规则、流态复杂，不能概化为恒定均匀流，评价水域有毒有害物质的断面平均浓度采用"纵向一维水质预测数值模式"计算。如果河道顺直且可以概化为恒定均匀流，评价水域有毒有害物质的断面平均浓度采用"纵向一维水质预测解析模式"计算。

（2）平面二维水质影响预测模式

当水体宽度与长度较大，并且平面尺度显著大于垂向深度时，应采用平面二维数学模型，计算垂向平均水流和有毒有害物质浓度的平面分布。如果评价水域形态不规则、流态复杂，不能概化为恒定均匀流，评价水域垂向平均水流和有毒有害物质浓度的平面分布采用"平面二维水质预测数值模式"计算。如果评价水域可以概化为恒定均匀流，评价水域有毒有害物质的断面平均浓度采用"平面二维水质预测解析模式"计算。

（3）三维水质影响预测模式

当评价区域水深较大，或者需要进行排放口近区的精细分析时，可以采用"三维水质预测数值模式"计算评价水域有毒有害物质的浓度分布。

（4）油品泄漏的水影响预测模式

油品泄漏的输移过程采用溢油粒子确定性方法，粒子方法将运动过程分为平流过程和扩散过程两个主要部分，宜采用确定性方法模拟溢油的输移过程，具体见"油品泄漏的水影响预测模式"。

11.2.2　有毒有害物质在河流、河口中的预测

（1）纵向一维水质影响预测模式

①纵向一维水质预测数值模式

纵向一维非恒定水动力学模型的基本方程为

$$\frac{\partial A}{\partial t} + \frac{\partial Q}{\partial x} = q \tag{11-1}$$

$$\frac{\partial Q}{\partial t} + \frac{\partial}{\partial x}\left(\frac{Q^2}{A}\right) - q\frac{Q}{A} = -g\left(A\frac{\partial Z}{\partial x} + \frac{n^2 Q|Q|}{Ah^{4/3}}\right) \tag{11-2}$$

式中：A——断面面积，m^2；

Q——断面流量，m^3/s；

q——单位河长的入流或分流量，m^2/s；

Z——断面水位，m；

n——河道糙率；

u——断面平均流速，m/s；

h——断面平均水深，m；

g——重力加速度，m/s^2。

纵向一维水质数学模型的基本方程为

$$\frac{\partial(AC)}{\partial t} + \frac{\partial(QC)}{\partial x} = \frac{\partial}{\partial x}\left(AD_x\frac{\partial C}{\partial x}\right) - Af(C) + qC_L \tag{11-3}$$

式中：C——污染物的断面平均浓度，mg/L；

D_x——河流纵向扩散系数，m^2/s；

　　$f(C)$——生化反应降解项，$g/(m^3 \cdot s)$，如污染物符合一级反应动力学规律，$f(C)=kC$，k 为综合衰减系数，$1/s$；

　　r——源（汇）项浓度，mg/L。

②纵向一维水质预测解析模式

对宽深比不大的河流和渠道，如果河道顺直且可以概化为恒定均匀流，有毒有害物质瞬时排放在较短的时间（距离）内达到全断面均匀混合，河流下游有毒有害物质的断面平均浓度可按式（11-4）计算：

$$C(x,t) = \frac{M}{2A\sqrt{\pi D_x t}} \exp\left(-\frac{kt}{86\ 400}\right) \exp\left[-\frac{(x-ut)^2}{4D_x t}\right] \tag{11-4}$$

式中：$C(x,t)$——泄漏点下游距离 x（m）处，在 t（s）时间的污染物浓度，mg/L；

　　u——河流流速，m/s；

　　D_x——河流纵向扩散系数，m^2/s；

　　A——河流横断面面积，m^2；

　　k——综合衰减系数，$1/d$；

　　M——泄漏的化学品总量；g。

在 t（s）时刻、距离排放口下游 $x=ut$ 处的污染物浓度峰值为

$$C(x,t) = \frac{M}{2A\sqrt{\pi D_x t}} \exp\left(-\frac{kt}{86\ 400}\right) \exp\left[-\frac{(x-ut)^2}{4D_x t}\right] \tag{11-5}$$

式中：$C_{max}(x)$——泄漏点下游 x_0 处，有毒有害物质的峰值浓度，mg/L；

　　其他符号同式（11-4）。

在有限时段排放情况下，按时间步长划分为多个"瞬时源"，利用瞬时排放公式累计叠加计算。

（2）平面二维水质影响预测模式

①平面二维水质预测数值模式

当水体宽度与长度较大，并且平面尺度显著大于垂向深度时，应采用平面二维数学模型，计算垂向平均水流和有毒有害物质浓度的平面分布，平面二维非恒定水流模型的基本方程为

$$\frac{\partial h}{\partial t} + \frac{\partial(uh)}{\partial x} + \frac{\partial(vh)}{\partial y} = hs$$

$$\frac{\partial u}{\partial t} + u\frac{\partial u}{\partial x} + v\frac{\partial u}{\partial y} = -g\frac{\partial \varsigma}{\partial x} + fv - \frac{g}{C_z^2} \cdot \frac{\sqrt{u^2+v^2}}{h}u + \frac{\tau_{sx}}{\rho h} + A_m\left(\frac{\partial^2 u}{\partial x^2} + \frac{\partial^2 u}{\partial y^2}\right)$$

$$\frac{\partial v}{\partial t} + u\frac{\partial v}{\partial x} + v\frac{\partial v}{\partial y} = -g\frac{\partial \varsigma}{\partial y} - fu - \frac{g}{C_z^2} \cdot \frac{\sqrt{u^2+v^2}}{h}v + \frac{\tau_{sy}}{\rho h} + A_m\left(\frac{\partial^2 v}{\partial x^2} + \frac{\partial^2 v}{\partial y^2}\right) \quad (11\text{-}6)$$

式中： ς —— 从平均水平面起算的水面高度，m；

h —— 水深，m；

u —— 对应于轴的平均流速分量，m/s；

v —— 对应于轴的平均流速分量，m/s；

f —— 科氏系数， $f = 2\Omega \sin\phi$ ，1/s；

g —— 重力加速度，m/s^2；

C_z —— 谢才系数，m$^{1/2}$/s，通常应用曼宁公式；

τ_{sx}、 τ_{sy} ——水面上的风应力， $\tau_{sx} = r^2\rho_a w^2 \sin\alpha$ ， $\tau_{sy} = r^2\rho_a w^2 \cos\alpha$ ， r^2 ——

　　　　　　风应力系数， ρ_a ——空气密度，kg/m^3， w ——风速，m/s， α ——

　　　　　　风方向角；

ρ —— 水的密度，kg/m^3；

A_m —— 水平涡动黏滞系数，m^2/s。

式（11-6）是平面二维水流运动方程的一般形式，在应用中可以根据实际情况对其中的一些分项进行取舍。

平面二维水质数学模型的基本方程为

$$\frac{\partial(hC)}{\partial t} + \frac{\partial(uhC)}{\partial x} + \frac{\partial(vhC)}{\partial y} = \frac{\partial}{\partial x}\left(D_x h\frac{\partial C}{\partial x}\right) + \frac{\partial}{\partial y}\left(D_y h\frac{\partial C}{\partial y}\right) - hf(C) + hSC_L \quad (11\text{-}7)$$

式中： C —— 污染物浓度，mg/L；

D_x —— 纵向紊动扩散系数，m^2/s；

D_y —— 横向紊动扩散系数，m^2/s；

$f(C)$ —— 生化反应降解项，g/（m^3·s）；如污染物符合一级反应动力学规

　　　　　　律， $f(C) = kC$ ， k 为综合衰减系数，1/s；

S —— 源（汇）项，1/s；

其他符号说明同式（11-6）。

②二维水质预测解析模式

当水体宽度与长度较大，平面尺度显著大于垂向深度时，且水体可以概化为恒定均匀流，有毒有害物质瞬时排放后在较短的时间（距离）内不能达到全断面均匀混合，河流下游有毒有害物质的浓度分布可按式（11-8）计算：

$$C\left(x,y,t\right)=\frac{M}{4\pi ht\sqrt{D_xD_y}}\exp\left[-\frac{(x-ut)^2}{4D_xt}-\frac{kt}{86\,400}\right]\sum_{n=-\infty}^{\infty}\left\{\exp\left[-\frac{(y-2nB)^2}{4D_yt}\right]+\right.$$

$$\left.\exp\left[-\frac{(y-2nB+2a)^2}{4D_yt}\right]\right\}$$

$$n=0,\pm1,\pm2 \tag{11-8}$$

式中：x—— 自排污口沿河流流向的纵向坐标，m；坐标原点 O 设在排污口；

　　　y—— 垂直于 x 轴由排污口指向远岸的横向坐标，m；

　　　C（x，y，t）—— 泄漏点下游坐标（x，y）点处，在 t（s）时间的溶解态
　　　　　　　　　　　浓度，mg/L；

　　　B—— 河流宽度，m；

　　　h—— 平均水深，m；

　　　M—— 泄漏的化学品总量；g

　　　D_x—— 纵向混合系数，m²/s；

　　　D_y—— 横向混合系数，m²/s；

　　　u—— 河流流速，m/s；

　　　k—— 综合衰减系数，1/d；

　　　a—— 排污口距离近岸的离岸距离，m。其值小于半河宽，对于岸边排放
　　　　　　$a=0$，中心排放 $a=B/2$。

在式（11-8）中，通常取 $n=0$，±1，即可满足计算精度要求。

对宽阔河流可忽略排污口远岸边界的反射作用，只计入近岸边界的反射作用，在式（11-8）中取 $n=0$，方程简化为

$$C\left(x,y,t\right)=\frac{M}{4\pi ht\sqrt{D_xD_y}}\exp\left[-\frac{(x-ut)^2}{4D_xt}-\frac{kt}{86\,400}\right]\left\{\exp\left(-\frac{y^2}{4D_yt}\right)+\exp\left[-\frac{(y+2a)^2}{4D_yt}\right]\right\}$$

$$\tag{11-9}$$

式中：x—— 自排污口沿河流流向的纵向坐标，m；坐标原点 O 设在排污口；

$\quad\quad y$—— 垂直于 x 轴由排污口指向远岸的横向坐标，m；

$\quad\quad C(x, y, t)$—— 泄漏点下游坐标 (x, y) 点处，在 t（s）时间的溶解态
浓度，mg/L；

$\quad\quad B$—— 河流宽度，m；

$\quad\quad h$—— 平均水深，m；

$\quad\quad M$—— 泄漏的化学品总量；g

$\quad\quad D_x$—— 纵向混合系数，m²/s；

$\quad\quad D_y$—— 横向混合系数，m²/s；

$\quad\quad u$—— 河流流速，m/s；

$\quad\quad k$—— 综合衰减系数，1/d；

$\quad\quad a$—— 排污口距离近岸的离岸距离，m。其值小于半河宽，对于岸边排放
$a=0$。

在 t（s）时刻、距离排放口下游 $x=ut$ 断面处的污染物浓度峰值分布为：

$$C_{\max}(x, y) = \frac{Mu}{4\pi h x \sqrt{D_x D_y}} \exp\left(-\frac{kx}{86\,400u}\right)\left\{\exp\left(-\frac{uy^2}{4D_y x}\right) + \exp\left[-\frac{u(y+2u)^2}{4D_y x}\right]\right\}$$

$$(11\text{-}10)$$

式中符号同式（11-9）。

在有限时段排放情况下，按时间步长划分为多个"瞬时源"，利用瞬时排放公式累计叠加计算。

（3）三维水质预测数值模式

当评价区域水深较大，或者需要进行排放口近区的精细分析时，可以采用三维数学模型，描述三维水流运动的方程组为

$$\frac{\partial u}{\partial x} + \frac{\partial v}{\partial y} + \frac{\partial w}{\partial \sigma} = S$$

$$\frac{\partial u}{\partial t} + \frac{\partial \left(u^2\right)}{\partial x} + \frac{\partial \left(uv\right)}{\partial y} + \frac{\partial \left(uw\right)}{\partial z} + \frac{1}{\rho}\frac{\partial P}{\partial x} = \frac{\partial}{\partial x}\left(A_h \frac{\partial u}{\partial x}\right) + \frac{\partial}{\partial y}\left(A_h \frac{\partial u}{\partial y}\right) + \frac{\partial}{\partial z}\left(A_z \frac{\partial u}{\partial z}\right) +$$

$$2\theta v \sin\phi + Su_s \frac{\partial v}{\partial t} + \frac{\partial \left(uv\right)}{\partial x} + \frac{\partial \left(v^2\right)}{\partial y} + \frac{\partial \left(vw\right)}{\partial z} + \frac{1}{\rho}\frac{\partial P}{\partial y} = \frac{\partial}{\partial x}\left(A_h \frac{\partial v}{\partial x}\right) + \frac{\partial}{\partial y}\left(A_h \frac{\partial v}{\partial y}\right) +$$

$$\frac{\partial}{\partial z}\left(A_z \frac{\partial v}{\partial z}\right) - 2\theta u \sin\phi + SV_s$$

$$\text{（11-11）}$$

式中：u——x 方向上的速度分量，m/s；

　　　　v——y 方向上的速度分量，m/s；

　　　　w——z 方向上的速度分量，m/s；

　　　　P——压力；

　　　　ρ——水体密度，kg/m^3；

　　　　A_h——水平方向的涡黏性系数，m^2/s；

　　　　A_z——垂直方向的涡黏性系数，m^2/s；

　　　　θ——地球自转角速度；

　　　　φ——当地纬度；

　　　　g——重力加速度，m/s^2。

三维水质数学模型的基本方程为

$$\frac{\partial C}{\partial t} + \frac{\partial \left(uC\right)}{\partial x} + \frac{\partial \left(vC\right)}{\partial y} + \frac{\partial \left(wC\right)}{\partial z} = \frac{\partial}{\partial x}\left(D_x \frac{\partial C}{\partial x}\right) + \frac{\partial}{\partial y}\left(D_y \frac{\partial C}{\partial y}\right) + \frac{\partial}{\partial z}\left(D_z \frac{\partial C}{\partial z}\right) + ST_s + f\left(C\right)$$

$$\text{（11-12）}$$

式中：C——污染物浓度，mg/L；

　　　　D_x、D_y、D_z——x、y、z 方向上的污染物紊动扩散系数，m^2/s；

　　　　S——源（汇）项，1/s；

　　　　$f\left(C\right)$——污染物生化反应项，g/（m^3·s）；

　　　　其他符号参照式（11-11）。

11.2.3　有毒有害物质在海湾、河口的油污染预测

油品泄漏的输移过程采用溢油粒子确定性方法，粒子方法将运动过程分为平

流过程和扩散过程两个主要部分，宜采用确定性方法模拟溢油的输移过程。

（1）漂移

单个粒子在 Δt 时段内由平流过程引起的位移可用式（11-13）表达：

$$\overline{\Delta S_i} = \left(\overline{U_i} + \overline{U_{wi}} \right) \Delta t \tag{11-13}$$

式中：$\overline{\Delta S_i}$ —— 第 i 粒子的位移，m；

$\overline{U_i}$ —— 质点初始位置处的平流速度，m/s；

$\overline{U_{wi}}$ —— 风应力直接作用在油膜上的风导输移速度，m/s；

Δt —— 时间步长，s。

（2）水平扩散过程

采用随机走步方法模拟湍流扩散过程。随机扩散过程可以用式（11-14）描述：

$$\overline{\Delta \alpha_i} = R \cdot k_\alpha \Delta t$$

$$\overline{\Delta \alpha_i} = R \cdot \sqrt{6 k_\alpha \Delta t} \tag{11-14}$$

式中：$\overline{\Delta u_i}$ u 方向上的湍流扩散距离（α 代表 x、y 坐标），m；

R —— [-1，1]的均匀分布随机数；

k_α —— α 方向上的湍流扩散系数；

Δt —— 时间步长。

因此，单个粒子在 Δt 时段内的位移可表示为

$$\overline{\Delta \gamma_i} = \left(\overline{U_i} + \overline{U_{wi}} \right) \Delta t + \overline{\Delta \alpha_i} \tag{11-15}$$

式中：$\overline{\Delta \gamma_i}$ —— 油粒子的位移，m。

（3）边界条件处理

油粒子云团在运动过程中，可能到达陆地的边界，认为这些粒子黏附在陆地（岛屿）上，不再参与计算。

11.2.4　地下水溶质运移解析法

（1）一维稳定流动一维水动力弥散问题

情形一：一维无限长多孔介质柱体，示踪剂瞬时注入

地下介质为均质各向同性，地下水流是一维稳定流动，一维空间为无限长。溶质运移是一维弥散问题，初始浓度为 0，在某处有瞬时的示踪剂投入，一维空间上的浓度可用式（11-16）求解：

$$C(x,t) = \frac{m/w}{2n_e\sqrt{\pi D_L t}} e^{-\frac{(x-ut)^2}{4D_L t}} \tag{11-16}$$

式中：x——距注入点的距离，m；

$\quad$ t——时间，d；

$\quad$ $C(x, t)$——t 时刻 x 处的示踪剂质量浓度，mg/L 或 g/m^3；

$\quad$ m——注入的示踪剂质量，g；

$\quad$ w——横截面面积，m^2；

$\quad$ u——含水层中平均孔隙水流速度，m/d；

$\quad$ n_e——有效孔隙度，量纲为一；

$\quad$ D_L——纵向水动力弥散系数，m^2/d。

情形二：一维半无限长多孔介质柱体，一端为定浓度边界

地下介质为均质各向同性，地下水流是一维稳定流动，一维空间为半无限长。溶质运移是一维弥散问题，初始浓度为 0，某一侧为浓度变为定浓度边界 C_0，一维空间上的浓度可用式（11-17）求解：

$$\frac{C(x,t)}{C_0} = \frac{1}{2}\left[\text{erfc}\left(\frac{x-ut}{2\sqrt{D_L t}}\right) + e^{\frac{ux}{D_L}}\text{erfc}\left(\frac{x+ut}{2\sqrt{D_L t}}\right) \right] \tag{11-17}$$

式中：x——距注入点的距离，m；

$\quad$ t——时间，d；

$\quad$ $C(x, t)$——t 时刻 x 处的示踪剂质量浓度，mg/L 或 g/m^3；

$\quad$ C_0——注入的示踪剂浓度，mg/L 或 g/m^3；

　　u —— 含水层中平均孔隙水流速度，m/d；

　　D_L —— 纵向水动力弥散系数，m²/d；

$$\mathrm{erfc}\left(\frac{x-ut}{2\sqrt{D_L t}}\right) \mathrm{erfc}$$ —— 余补误差函数。

（2）一维稳定流动二维水动力弥散问题

情形一：瞬时注入示踪剂 —— 平面瞬时点源

地下介质为均质各向同性，地下水流是一维稳定流动，二维空间为无限大。溶质运移是二维弥散问题，初始浓度为 0，在某处有瞬时的示踪剂投入，二维空间上的浓度可用式（11-18）求解：

$$C(x,y,t)=\frac{m_M/M}{4\pi n_e t\sqrt{D_L D_T}}\mathrm{e}^{-\left[\frac{(x-ut)^2}{4D_L t}+\frac{y^2}{4D_T t}\right]} \tag{11-18}$$

式中：x，y —— 计算点处的位置坐标，m；

　　t　　　时间，d；

　　$C(x,y,t)$ —— t 时刻点 x，y 处的示踪剂质量浓度，mg/L 或 g/m³；

　　M —— 承压含水层的厚度，m；

　　m_M —— 长度为 M 的线源瞬时注入的示踪剂质量，g；

　　u —— 含水层中平均孔隙水流速度，m/d；

　　n_e —— 有效孔隙度，量纲为一；

　　D_L —— 纵向水动力弥散系数，m²/d；

　　D_T —— 横向水动力弥散系数，m²/d。

情形二：连续注入示踪剂 —— 平面连续点源

地下介质为均质各向同性，地下水流是一维稳定流动，二维空间为无限大。溶质运移是二维弥散问题，初始浓度为 0，在某处有持续的示踪剂投入，二维空间上的浓度可用式（11-19）求解：

$$C(x,y,t)=\frac{m_t}{4\pi M n_e\sqrt{D_L D_T}}\mathrm{e}^{\frac{xu}{2D_L}}\left[2K_0(\beta)-W\left(\frac{u^2 t}{4D_L},\beta\right)\right] \tag{11-19}$$

$$\beta = \sqrt{\frac{u^2 x^2}{4D_L^2} + \frac{u^2 y^2}{4D_L D_T}} \qquad (11\text{-}20)$$

式中：x，y —— 计算点处的位置坐标，m；

t —— 时间，d；

$C（x，y，t）$ —— t 时刻点 x，y 处的示踪剂质量浓度，g/m³；

M —— 承压含水层的厚度，m；

m_t —— 单位时间注入示踪剂的质量，g/d；

u —— 含水层中平均孔隙水流速度，m/d；

n_e —— 有效孔隙度，量纲为一；

D_L —— 纵向 x 方向的水动力弥散系数，m²/d；

D_T —— 横向 y 方向的水动力弥散系数，m²/d；

$K_0（\beta）$ —— 第二类零阶修正贝塞尔函数；

$W\left(\dfrac{u^2 t}{4D_L}，\beta\right)$ —— 第一类越流系统井函数；

β —— 变量，如式（11-20）所示，量纲一。

11.2.5　地下水数值模型

（1）地下水水流模型

数值法可以解决许多复杂水文地质条件和地下水开发利用条件下的地下水资源评价问题，并可以预测各种开采方案下地下水位的动态变化，即预报各种条件下的地下水状态。假定地下水流符合 Darcy 定律，对于不符合 Darcy 定律的管道流（如岩溶暗河系统等）需要特殊处理。对于非均质、各向异性（假定渗透主轴与笛卡尔坐标一致）、空间三维结构、非稳定地下水流系统，可描述为如式（11-21）所示的控制方程。

① 控制方程

$$\mu_s \frac{\partial h}{\partial t} = \frac{\partial}{\partial x}\left(K_x \frac{\partial h}{\partial x}\right) + \frac{\partial}{\partial y}\left(K_y \frac{\partial h}{\partial y}\right) + \frac{\partial}{\partial z}\left(K_z \frac{\partial h}{\partial z}\right) + W \qquad (11\text{-}21)$$

式中：μ_s —— 含水层弹性储水率，1/m；

h —— 水位，m；

K_x，K_y，K_z——　分别为 x，y，z 方向上的渗透系数，m/d；

t——　时间，d；

W——　源汇项，表示为单位体积单位时间的补给或排泄水量，补给为正值，抽水为负值，1/d。

②初始条件

$$h(x,y,z,t)=h_0(x,y,z)(x,y,z)\in \Omega,t=0 \tag{11-22}$$

式中：h_0（x，y，z）——　已知初始地下水位分布，m；

Ω——　模型模拟区。

③ 边界条件

a）第一类边界

$$h(x,y,z,t)|_{\Gamma_1}=h(x,y,z,t)(x,y,z)\in \Gamma_1,t\geqslant 0 \tag{11-23}$$

式中：Γ_1——　第一类边界；

h（x，y，z，t）——　第一类边界上的已知水位函数，m。

b）第二类边界

$$k\frac{\partial h}{\partial \vec{n}}|_{\Gamma_2}=q(x,y,z,t)\quad (x,y,z)\in \Gamma_2,t>0 \tag{11-24}$$

式中：Γ_2——　第二类边界；

T——　三维空间上的渗透系数张量，m/d；

$\vec{n}$——　第二类边界 Γ_2 的外法线方向；

q（x，y，z，t）——　第二类边界上单位长度上的已知流量函数。

c）第三类边界

$$\left[k(h-z)\frac{\partial h}{\vec{n}}+\alpha h\right]\bigg|_{\Gamma_3}=q(x,y,z) \tag{11-25}$$

式中：α——　已知函数；

Γ_3——　第三类边界；

h——　第三类边界处水位，m；

z——　边界处饱和含水层厚度，m；

k——　三维空间上的渗透数张量，m/d；

$\bar{n}$ —— 第三类边界 Γ_3 的外法线方向；

q (x, y, z) —— 第三类边界上的已知流量函数。

（2）地下水溶质模型

水是溶质运移的载体，地下水溶质运移数值模拟应在地下水流场模拟基础上进行。因此，地下水溶质运移数值模型包括水流模型和溶质运移模型两部分。

①控制方程

$$R\theta \frac{\partial C}{\partial t} = \frac{\partial}{\partial x_i}\left(\theta D_{ij}\frac{\partial C}{\partial x_j}\right) - \frac{\partial}{\partial x_i}\left(\theta v_i C\right) - WC_s - WC - \lambda_1 \theta C - \lambda_2 \rho_b \overline{C} \qquad （11-26）$$

式中：R —— 迟滞系数，量纲一，$R = 1 + \dfrac{\rho_b}{\theta}\dfrac{\partial \overline{C}}{\partial C}$；

　　　ρ_b —— 介质密度，kg/(dm)^3；

　　　θ —— 介质孔隙度，量纲为一；

　　　C —— 组分的质量浓度，g/L；

　　　$\overline{C}$ —— 介质骨架吸附的溶质质量分数，g/kg；

　　　t —— 时间，d；

　　　x, y, z —— 空间位置坐标，m；

　　　D_{ij} —— 水动力弥散系数张量，m^2/d；

　　　v_i —— 地下水渗流速度张量，m/d；

　　　W —— 水流的源和汇，1/d；

　　　C_s —— 组分的浓度，g/L；

　　　λ_1 —— 溶解相一级反应速率，1/d；

　　　λ_2 —— 吸附相反应速率，1/d。

②初始条件

$$C(x, y, z, t) = C_0(x, y, z) \qquad (x, y, z) \in \Omega_1, t = 0 \qquad （11-27）$$

式中：C_0 (x, y, z) —— 已知浓度分布；

　　　Ω —— 模型模拟区域。

③定解条件

a）第一类边界——给定浓度边界

$$C(x,y,z,t)\big|_{\Gamma_1} = c(x,y,z,t),(x,y,z) \in \Gamma_1, t \geqslant 0 \tag{11-28}$$

式中：Γ_1——给定浓度边界；

　　$c(x,y,z,t)$——一定浓度边界上的浓度分布。

b）第二类边界——给定弥散通量边界

$$\theta D_{ij}\frac{\partial C}{\partial x_j}\bigg|_{\Gamma_2} = f_i(x,y,z,t) \quad (x,y,z) \in \Gamma_2, t \geqslant 0 \tag{11-29}$$

式中：Γ_2——通量边界；

　　$f_i(x,y,z,t)$——边界 Γ_2 上已知的弥散通量函数。

c）第三类边界——给定溶质通量边界

$$\left(\theta D_{ij}\frac{\partial C}{\partial x_j} - q_i C\right)\bigg|_{\Gamma_3} = g_i(x,y,z,t) \quad (x,y,z) \in \Gamma_3, t \geqslant 0 \tag{11-30}$$

式中：Γ_3——混合边界；

　　$g_i(x,y,z,t)$——Γ_3 上已知的对流—弥散总的通量函数。

11.3　预测结果表征

11.3.1　地表水预测结果表征

地表水预测结果应根据建设项目环境风险类型及特点予以述，给出污染物在关心点处浓度随时间的变化过程，明确对环境敏感目标的影响和作用，重点包括：

① 给出有毒有害物质进入地表水体最远超标距离及时间。

② 给出有毒有害物质经排放通道到达下游（按水流方向）各环境敏感目标处的到达时间、超标时间、超标持续时间及最大浓度。

③ 对于在水体中漂移类物质，应给出漂移轨迹。

通过明确关心点浓度预测结果，为后续的风险防控及应急提供支持。

11.3.2　地下水预测结果表征

地下水环境风险预测结果应给出有毒有害物质进入地下水体到达厂区下游边界和环境敏感目标处的到达时间、超标时间、超标持续时间及最大浓度，重点包括：

① 地下水环境污染风险预测关注点包括两个：一是厂区下游边界，二是环境敏感点目标。

② 预测表达内容包括 4 个：一是到达时间，通常为污染物检出浓度到达预测关注点的时间；二是超标时间，即某物质在预测关注点出现超标现象的时间；三是某物质在预测关注点从开始超标到因污染羽进一步迁移后恢复达标的时间长度，即超标持续时间；四是某物质在预测关注点出现的最大浓度值。

③ 表达方式主要有 3 种：一是空间表达，即厂界及周边环境敏感点在某特定时刻的污染风险，一般以平面图形表达；二是时间表达；三是最大浓度值表达，二者可在同一坐标轴上体现，通常表达为某一具体空间点的浓度变化过程线，从中截取到达时间、超标时间、超标持续时间、最大浓度值及最大浓度出现时刻等信息。

根据上述预测结果，定位、定量表达风险情形的地下水污染过程，作为制定相应的风险防控措施的依据。

第 12 章　风险管理思路及防控措施要求

12.1　最低合理可行原则（ALARP）

　　风险管理是通过对风险的识别、衡量和控制，实现风险水平达到最佳或可接受程度的过程，需要考虑的因素包括社会效应、经济价值和环境风险等。

　　基于最低合理可行原则（As Low As Reasonable Practicable，ALARP），风险被分为三大类：一是大到不可接受的风险，二是小到可以忽略的风险，三是介于两者之间的风险。对于第三种风险，必须采取合理可行的方法，使其达到可以接受的最低程度。

12.2　环境风险管理总体思路

　　从源头规避突发环境污染事件的发生，是防范环境风险的最有效途径。风险评价的目的就是预防建设项目的环境风险，而采用的手段是环境风险管理。通过环境风险评价摸清环境风险底数、识别环境风险问题、分析采取的环境风险防控措施是开展环境风险管理工作的重要基础，应急预案是风险管理底线保障。

　　由此而言，环境风险管理目标是采用最低合理可行原则（ALARP）管控环境风险。采取的环境风险防范措施应与社会经济技术发展水平相适应，运用科学的技术手段和管理方法，对环境风险进行有效的预防、监控、响应。环境风险管理重点在于提出合理有效的环境风险防范措施建议。同时衔接后续管理工作，提出企业突发环境事件应急预案编制或完善的原则要求。

12.3　环境风险防控措施要求

环境事件的发生往往源于安全生产疏漏，对环境风险防范应首先从安全评价的角度做好项目本质安全设计及管理，在此基础上针对可能的环境风险影响进行识别、分析、预测，做好环境风险的防控管理，促使建设项目的环境风险处于可防控的状态。

应基于建设项目环境风险识别及可能的后果分析，采用最低合理可行原则管控环境风险，提出针对性风险管理对策措施，提出事故产生的有毒有害物质进入环境的防范措施和应急处置要求。为进一步提高环境风险管理能力，结合近年来我国环境风险管理的实际工作经验，对于存在较大环境风险隐患的建设项目，应建立包括"单元—厂区—园区/区域"的环境风险防控体系，制定风险监控及应急监测的要求。对于改建、扩建和技术改造项目，应对依托企业现有环境风险防范措施的有效性进行评估，提出完善的意见和建议。当建设项目不符合环境风险管理目标时，需考虑重新优化调整项目的选址、产品方案等，以降低环境风险水平。

（1）大气

大气环境风险防范应结合风险源状况明确环境风险的防范、减缓措施，提出环境风险监控要求，并结合环境风险预测分析结果、区域交通道路和安置场所位置等，提出事故状态下人员的疏散通道及安置等应急建议。

（2）地表水

事故废水环境风险防范应明确"单元—厂区—园区/区域"的环境风险防控体系要求，设置事故废水收集（尽可能以非动力自流方式）和应急储存设施，以满足事故状态下收集泄漏物料、污染消防水和污染雨水的需要。明确并图示防止事故废水进入外环境的控制、封堵系统。应急储存设施应根据发生事故的设备容量、事故时消防用水量及可能进入应急储存设施的雨水量等因素综合确定。应急储存设施内的污水，应及时进行有效处置，做到回用或达标排放。结合环境风险预测分析结果，提出实施监控和启动相应的园区/区域风险应急方案的建议要求。

（3）地下水

针对主要风险源，制定分区防渗方案，提出设立风险监控及应急监测系统，实现事故预警和快速应急监测、跟踪，提出应急物资、人员等的管理要求。

（4）应急联动

针对主要风险源，提出设立风险监控及应急监测系统，实现事故预警和快速应急监测、跟踪，提出应急物资、人员等的管理要求。

（5）应急预案原则要求

按照国家、地方和相关部门要求，提出突发环境事件应急预案编制的原则要求，包括预案适用范围、环境事件分类与分级、组织机构与职责、监控和预警、应急响应、应急保障、善后处置、预案管理与演练等内容。明确企业、园区/区域、地方政府环境风险应急体系。企业突发环境事件应急预案应体现分级响应、区域联动的原则，与地方政府突发环境事件应急预案相衔接，明确分级响应程序。按分级响应要求及时启动园区/区域环境风险防范措施，实现企业—园区—区域环境风险防控设施及管理有效联动，有效防控环境风险。

12.4　环境风险防控管理案例

[例]　某工业区高性能树脂项目，拟新建 60 万 t/a 电石法高性能树脂、4 万 t/a 水相悬浮法氯化聚氯乙烯（CPVC）、8 万 t/a 盐酸相悬浮法氯化聚乙烯（CPE），5 万 t/a 特种树脂，3 万 t/a 三氯氢硅。配套建设 60 万 t/a 离子膜烧碱及盐井等公用工程，110 万 t/a 循环利用电石渣制备活性氧化钙及公用辅助工程。

（1）风险识别

基于风险识别的基础，选择对环境影响较大并具有代表性事故类型，设定为风险事故情形。事故假定原则是分别对不同的物质进入地表水、地下水环境的途径进行设定。

① VCM 装置区（Ⅳ单元）

该装置是利用乙炔装置产生的乙炔与烧碱装置的氯化氢在转化器进行反应，生成氯乙烯，经过精馏提纯，作为后续工艺原料，存于气柜及液化后存于 VCM 储罐中。发生事故可能性为转化器、储罐泄漏事故，以及转化器、储罐火灾爆炸产生 CO、HCl。以上事故中 VCM 储罐中氯乙烯存储量较大，因此该装置事故设定为 VCM 储罐泄漏，再围堰形成液池，挥发进入环境空气，按照最不利情况考虑，围堰内防渗层破裂，醋酸乙烯物质进入地下水，再间接进入地表水。

② 特种树脂装置区（V单元）

该装置以 VCM 和醋酸乙烯为基础，采用悬浮聚合工艺生产氯醋二元共聚树脂，发生事故的可能性为聚合釜、醋酸乙烯储罐发生泄漏，以及聚合釜、醋酸乙烯储罐火灾爆炸产生 CO、氯乙烯、HCl。以上事故中醋酸乙烯储罐泄漏的醋酸乙烯较多，因此该装置事故设定为醋酸乙烯储罐泄漏，再围堰形成液池，挥发进入环境空气，按照最不利情况考虑，围堰内防渗层破裂，醋酸乙烯物质进入地下水，再间接进入地表水。

以上风险事故涉及的主要污染源及危险物数量、事故类型见表 12-1。

表 12-1　环境风险事故类型

单元	序号	名称	事故类型	进入环境中的物质	影响途径	可能受影响的环境目标
IV	1	VCM 储罐	泄漏	氯乙烯	地表水、地下水	地表水：前清杨树沟
V	2	醋酸乙烯储罐	泄漏	醋酸乙烯	地表水、地下水	地下水：第四系松散岩类孔隙裂隙潜水及碎屑岩类风化裂隙潜水

（2）事故情形设定及源项分析

① VCM 装置区（IV单元）

事故假定：VCM 装置区罐区内氯乙烯储存量较大。事故假定为氯乙烯储罐破裂，裂口面积 A 取 0.785 cm²（孔径 1 cm），最大的氯乙烯储罐容积为 299 m³。泄漏速率 Q_L 用伯努利方程式（7-1）计算。

计算得泄漏速率为 0.39 kg/s，泄漏 30 min，泄漏量为 702 kg。氯乙烯蒸发速率为 0.005 38 kg/s，泄漏维持时间为 30 min，蒸发量为 9.684 kg。液池收集氯乙烯量 692.316 kg。

② 特种树脂装置区（V单元）

事故假定：特种树脂装置区罐区内醋酸乙烯储存量较大事故假定为醋酸乙烯储罐泄漏，醋酸乙烯储罐体积为 70 m³，按一台储罐泄漏，最大泄漏量为 52.08 t，醋酸乙烯泄漏地面，在储罐的周围有围堰，形成地面液池，醋酸乙烯沸点为 72～73℃，因此蒸发量仅考虑质量蒸发。

质量蒸发速度 Q_3 按式（7-15）计算。

计算得醋酸乙烯蒸发总量为 0.012 kg/s，泄漏总量为 21.6 kg，以气态形式扩散到空气中。液池收集醋酸乙烯量为 52 058.4 kg。

项目涉及的各类风险事故类型的源强统计见表 12-2。

表 12-2   本项目涉及的环境风险事故类型及源强

单元	序号	名称	事故状态	相关物质	事故持续时间/min	危险物泄漏速率/（kg/s）	泄漏量/kg	影响途径
IV	4	VCM 储罐	泄漏	氯乙烯	30	0.005 38	9.684	地表水、地下水
V	5	醋酸乙烯储罐	泄漏	醋酸乙烯	30	0.012	21.6	地表水、地下水

（3）地表水环境风险防控体系

根据风险事故情形分析，最大可信事故中可能影响地表水环境的主要为储罐泄漏，项目设置事故状态下水污染预防与控制体系，主要分为三级（图 12-1），防控体系内容如下所述。

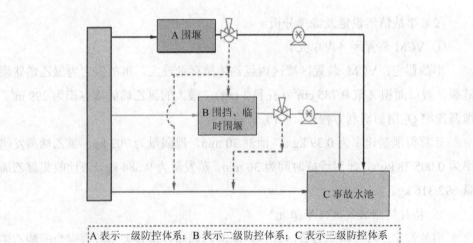

A 表示一级防控体系；B 表示二级防控体系；C 表示三级防控体系

图 12-1   事故状态下三级防控

1）一级防控系统

项目在装置污染区域设置围堰，使得泄漏物料和事故废水在围堰内被拦截，最终进入处理系统，储罐区设置围堰，使得泄漏物料能够及时回收、处理，且容积不小于罐体液体最大存储量，各围堰为本项目的一级防控系统。

2）二级防控系统

二级防控系统主要是装置区、罐区初期雨水池。在发生生产事故时，泄漏的物料、污染雨水、消防水通过初期雨水管线重力排入各装置区内的初期雨水池，储满后，事故水经全场雨水管网汇集到事故水池。回收物料送污水处理系统处理，防止较大生产事故泄漏物料和污染消防水造成的环境污染。

3）三级防控系统

根据总平面布置，项目设计厂内地势东北高西南低，东北侧高程最高为 1 182 m，企业在厂区西南角设置 1 座应急事故水池，高程为 1 168 m，极端情况下，二级防控应急系统不能满足事故需要时，启动三级事故废水防控系统，关闭雨水总排口，全厂事故废水均可根据地势自流进入事故水池。事故结束后事故废水送污水处理系统处理，污水处理系统位于应急事故水池南侧，高程为 1 167 m。

厂区在西南角应急事故水池旁设有雨水监控池，防止偶然泄漏或污染的地面雨水排出厂外，雨水在出厂前必须先进入雨水监控池，在收集污染物并经判定雨水合格后外排，事故时切换到事故水池。

4）园区防控

根据项目工业园区总体规划要求，健全规划区环境风险防控工程。建立企业、规划区和周边水系环境风险防控体系。建立完善有效的环境风险防控设施和有效的拦截、降污、导流等措施。规划雨水收集管网及雨水收集池，园区企业初期雨水在厂内收集处理，其他雨水经园区雨水管网收集至园区雨水收集池，经处理后作为园区供水。因此，在事故状况下，如果厂内事故水收集控制出现问题，事故水进入雨水管网，最终被收集到园区的雨水收集池，确保不外排地表水环境。

（4）事故水池核算

厂内设计独立的应急收集措施，根据设计资料，全厂区建设消防废水收集池

（事故池）收集发生事故时的消防废水，主要包括物料泄漏、消防排水及雨水等。

消防废水收集池（事故池）有效容积应容纳消防排水、雨水和一台最大设备的泄漏物料。根据设计资料，具体的计算如下：

$$V_{总} = (V_1 + V_2 - V_3)_{\max} + V_4 + V_5 \tag{12-1}$$

式中：$(V_1 + V_2 - V_3)_{\max}$ —— 对收集系统范围内不同罐组或装置分别计算。$(V_1 + V_2 - V_3)$ 取其中最大值。

V_1 —— 收集系统范围内发生事故的一个罐组或一套装置的物料量。

说明：储存相同物料的罐组按一个最大储罐计，装置物料量按存留最大物料量的一台反应器或中间储罐计（项目涉及的最大储量设施为 5 581 m³ 50%烧碱立式固定顶贮槽，按 80%装填率计算，共有物料 4 464.8 m³）。

V_2 —— 发生事故的储罐或装置的消防水量，根据可研，罐区消防一次用水量 7 482 m³；

V_3 —— 发生事故时可以转输到其他储存或处理设施的物料量，m³（以最不利情况考虑，按 0 计）；

V_4 —— 发生事故时仍必须进入该收集系统的生产废水量，m³（假定事故发生时无废水排入事故池）；

V_5 —— 发生事故时可能进入该收集系统的降水量，m³；

$$V_5 = 10f \times q_a/n$$

f —— 进入废水收集系统的雨水汇水面积，hm²（根据可研，罐区面积约 1.9 hm²）；

q_a —— 年平均降水量，mm；该地约 426.5 mm；

n —— 年平均降水日数；约 70 d；

$$V_5 = 10 \times 1.9 \times 426.5 \approx 116 \text{ m}^3$$

在现有储存设施不能满足事故排水储存容量要求时，应设置事故池。

通过以上基础数据按罐区事故可计算得本项目的事故池容积约为

$$V_总 = (V_1 + V_2 - V_3)_{max} + V_4 + V_5$$
$$= (4\,464.8 + 7\,482 - 0) + 0 + 116$$
$$= 12\,062.8 \text{ m}^3$$

根据可研设计，项目建事故水池 1 座，有效容积为 20 000 m³，项目现有消防废水收集池（事故池）设计可满足多点火灾情况下废水收集需要，可保证全厂事故情况下消防废水全部收集不出厂。

项目及所在园区设置有完善的三级防控系统，可保证事故状态下的废水全部收集不外排。即当事故较小时，泄漏物料及可能产生消防事故排水主要通过装置区初期雨水池或罐区的围堰收集，当发生较大泄漏事故并次生大量消防废水时，消防事故排水则通过管道进入事故池，然后由消防废水提升泵提升后送污水处理站处理。项目通过装置—厂区—园区三级水环境防控体系，可满足最大可信事故下事故废水收集需要，环境风险地表水风险在可接受范围内。

（5）地下水环境风险防控

风险事故对地下水的影响主要来自于储罐破裂后，储罐内的液态物质发生泄漏对地下水的影响。项目建设按分区防渗的要求对厂区进行分区防渗，罐区属于重点防渗区，因此储罐仅发生泄漏，污染物进入围堰，不会泄漏至含水层中。只有储罐发生爆炸，防渗层破坏，才会对地下水造成影响。

事故工况选取 VCM 储罐（299 m³）爆炸作为预测情景，密度 0.91 t/m³，根据《化工装备事故分析与预防》中统计 1949—1988 年的全国化工行业事故发生情况的相关资料，采用事故树（FTAA）分析方法，计算罐区火灾爆炸发生概率为 8.7×10^{-5}/a。

假如发生火灾爆炸，火灾扑灭后伴生二次污染事故——物料泄漏，假设其中 95% 的物料燃烧，则地面的氯乙烯量为 13.6 t，爆炸过程中地面防渗层破坏。

根据统计，此类事故泄漏一般有 1%～10% 下渗，通过被破坏的位置进入潜水含水层，则渗漏量为 13.6 t×5%×1 000（kg/t）= 680 kg。事故工况污染物源强计算结果见表 12-3。

表 12-3　事故工况污染物源强浓度

情景设定	渗漏位置	特征污染物	渗漏量/kg	渗漏时长	检出限/（mg/L）	评价标准/（mg/L）	含水层
事故工况	VCM 储罐	氯乙烯	680	瞬时	0.001 5	5.0	潜水

　　根据预测情景及预测模型，模拟得到废水调节池发生泄漏后，VCM 的影响范围、超标范围和最大运移距离见表 12-4，污染物运移如图 12-2～图 12-4 所示。

表 12-4　非正常状况下的 VCM 预测结果

预测因子	预测时间/d	影响范围/m²	超标范围/m²	最大影响距离/m	最大超标距离/m	下游最大浓度/（mg/L）
VCM	100	21 836	5 229	110	40	61.48
	1 000	62 847	10 096	211	62	24.75
	7 000	247 696	—	574	—	3.51

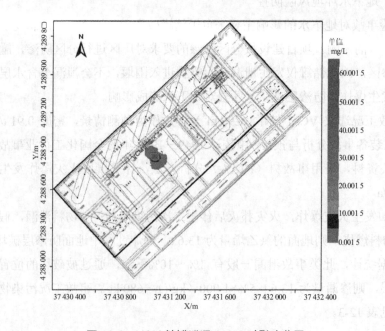

图 12-2　VCM 储罐泄漏 100 d 时影响范围

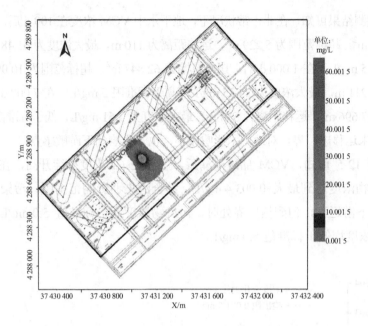

图 12-3　VCM 储罐 1 000 d 时影响范围

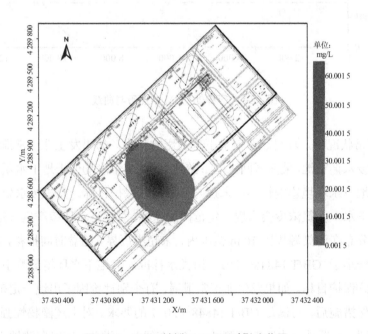

图 12-4　VCM 储罐 7 000 d 时影响范围

由预测结果可知，在非正常状况下，地下水中 VCM 浓度在 100 d 后，影响范围为 21 836 m²，超标范围为 5 229 m²，运移距离为 110 m，最大浓度为 61.48 mg/L，高于标准限 5 mg/L；在 1 000 d 后，影响范围为 62 847 m²，超标范围为 10 096 m²，运移距离为 211 m，最大浓度为 24.75 mg/L，高于标准限 5 mg/L；在 7 000 d 后，影响范围为 247 696 m²，运移距离为 574 m，最大浓度为 3.51 mg/L，低于标准限 5 mg/L。预测期内未运移出厂界，对地下水影响较小，也未影响到下游敏感点。

由图 12-5 可知，VCM 储罐泄漏后，厂界处 Cl⁻浓度持续升高，在 10 950 d 时，污染物浓度达到最大 0.003 4 mg/L，结合污染羽影响范围图，污染羽自泄漏后一直向下游运移，但到达厂界处时，污染物浓度低于标准值 5.0 mg/L，预测期内 VCM 浓度均低于标准值 5.0 mg/L。

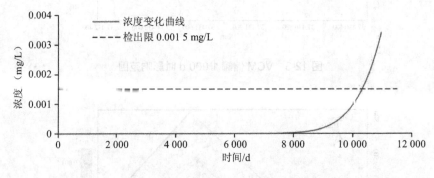

图 12-5　厂界处 VCM 浓度历时曲线

在正常状况下，项目运营对地下水的影响较小。如果发生非正常泄漏，无机处理系统废水调节池、采卤区回水池下游地下水 Cl⁻浓度均低于地下水质量Ⅲ类水标准，对地下水环境影响较小，未影响下游敏感保护目标。有机废水处理站调节池下游地下水中氨氮浓度会出现一定范围的超标，对地下水环境产生一定的影响，但是污染分布在污染源周围 10 m 范围内，未超出厂界。随着时间推移，污染物浓度逐渐降低小于 GB/T 14848—2017 Ⅲ类水标准，对地下水环境影响小，未影响到下游敏感保护目标。如果发生非正常泄漏，有个别评价因子出现一定范围超标，但采取环保措施后，可满足 GB/T 14848—2017 的要求。对上述隐秘性强，不易发现的泄漏源，设置地下水跟踪监测井，安装在线监测设备，实时监测地下水水质，以便及时发现污水泄漏状况。另外，项目将建立完善的风险应急预案，一旦发生泄漏，即刻从污染物的产生、入渗、扩散、应急响应等方面进行控制。

综上所述，在实际工作过程中，建设项目需统筹考虑风险源主体、风险影响对象、风险影响过程和风险影响区域 4 个方面因素，提出有针对性的、有效的环境风险防控措施。在工业项目实际核查中发现，许多企业对水环境风险防控体系建设的认识不足、重视不够，存在重治理轻防控，重企业轻园区的情况，存在园区与企业的风险防控联动机制不健全，周边公众参与度较低，配套工程针对性较差，如雨水管网无截流导排处置措施、园区级环境事故应急池不配套、园区污水处理厂调节池容积及处理能力不足、园区纳污水系无应急措施等情况。对此，需充分调查风险源、区域周边敏感目标、应急资源能力等情况，通过风险识别确定可能对区域产生污染的风险情景，分析主要风险源源强、预测结果和影响范围，有针对性地提出环境风险防控的措施配套、组织管理、布局优化等对策建议。

第13章 石化行业风险评价案例分析

13.1 项目概况

某公司油品升级改造配套新建 30 万 t/a 烷基化装置，包括原料预处理部分和烷基化部分；配套建设 3 万 t/a 废酸再生装置，包括焚烧裂解单元、净化单元、干吸单元和转化单元；新建机柜间、变配电所；分析化验室、消防、油品储运、系统管道、公用工程等配套系统依托原有设施。项目组成见表 13-1。

表 13-1 项目组成

类别	序号	名称	内容	备注
主体工程	1	烷基化装置	30 万 t/a 烷基化装置包括原料预处理部分和烷基化部分	—
	2	废酸再生装置	3 万 t/a 废酸再生装置包括焚烧裂解单元、净化单元、转化单元和干吸单元	—
公用工程	1	供水	—	—
	1.1	生产给水	生产给水供水管网	依托
	1.2	生活给水	生活给水供水管网	依托
	1.3	循环水	循环水场	依托
	1.4	高压消防水	稳高压消防给水系统	依托
	2	蒸气	蒸气管网	依托
	3	电	新建一座 6/0.4 kV 变配电所	—
	4	供气	—	—
	4.1	氮气	氮气供应系统	依托
	4.2	仪表空气	仪表空气供应系统	依托
	5	燃料气	燃料气供应系统	依托

类别	序号	名称	内容	备注
储运工程	1	气分碳四储罐	现有 2 个 2 000 m³ 气分碳四球罐	依托
	2	烷基化汽油储罐	现有 2 个 5 000 m³ 烷基化汽油储罐	依托
辅助设施	1	分析化验	检验计量中心	依托
	2	检维修设施	运保中心	依托
环保设施	1	火炬	现有火炬（最大排放量 245 t/h）	依托
	2	废酸再生尾气处理设施	烟气干法脱硫设施	依托
	3	含酸碱废水中和处理	新建 1 座中和池（长 10.5 m×宽 4.5 m×深 2.0 m 的地下槽）	—
	4	废水处理	污水处理厂	依托
	5	危险废物处置	厂家回收或送危废填埋场填埋	依托

13.2　环境敏感目标

（1）大气

大气环境敏感目标为评价范围内的居住区、学校、医院，详见表 13-2。

表 13-2　大气环境敏感目标

类别	敏感点名称	方位	距厂界距离/m	人数/人
集中生活区	A 生活区	E	850	3 000
	B 生活区	E	1 500	4 500
	C 生活区	N	2 600	6 000
	C 村	W	1 600	2 300
	D 村	S	650	1 200
医院	E 中医院	SE	3 000	150
学校	F 小学	E	900	800

（2）地表水

地表水保护目标为距厂界 1 km、地表水水域环境功能为Ⅳ类的某河流。

（3）地下水

地下水调查评价区范围内不存在集中或分散饮用水水源井等敏感点。

13.3　环境风险潜势初判

（1）危险物质及工艺系统危险性特征分析

①危险物质数量与临界量比值（Q）

项目涉及的危险物质为混合碳四、烷基化油、正丁烷、异丁烷、液化石油气、燃料气、浓硫酸等，危险物质在装置内的最大存在总量及其与临界量的比值情况见表 13-3。

表 13-3　建设项目 Q 值确定

序号	危险物质名称	CAS 号	最大存在总量 q_n/t	临界量 Q_n/t	该种危险物质 Q 值
1	混合碳四	—	42.21	10	4.22
2	烷基化油	—	34.33	2 500	0.01
3	正丁烷	106-97-8	6.25	10	0.63
4	异丁烷	75-28-5	3.25	10	0.33
5	液化石油气	68476-85-7	0.13	10	0.01
6	燃料气	—	0.43	10	0.04
7	浓硫酸	7664-93-9	3.6	10	0.36
				项目 Q 值 Σ	5.6

②行业及生产工艺（M）

项目包括烷基化装置和废酸再生装置两个部分，其生产工艺情况评估情况见表 13-4。

表 13-4　建设项目 M 值确定

序号	工艺单元名称	生产工艺	数量/套	M 值
1	烷基化装置	烷基化工艺	1	10
2	废酸再生装置	高温且涉及危险物质的工艺过程	1	5
			项目 M 值 Σ	15

项目 M 值为 15，行业及生产工艺级别为 M_2。

③危险物质及工艺系统危险性（P）分级

根据危险物质数量与临界量比值（Q）和行业及生产工艺（M）分级结果，项目危险物质及工艺系统危险性（P）等级为 P_3。

（2）环境敏感特征分析

项目周边 5 km 范围内人口总数大于 1 万人小于 5 万人，大气环境敏感程度为高度敏感区 E_2。

项目可能的地表水事故排放点为距厂界 1 km、水域环境功能为Ⅳ类的某河流，地表水环境敏感特征为低敏感 F_3；该河流事故排放点下游无集中式和分散式饮用水水源保护区、自然保护区、风景名胜区等环境敏感目标，环境敏感目标分级为 S_3。因此地表水环境敏感程度为低度敏感区 E_3。

地下水包气带防污性能为 D_2，环境敏感性为不敏感 G_3，因此地下水环境敏感程度为低度敏感区 E_3。

（3）环境风险潜势初判

各要素环境风险潜势等级及建设项目环境风险潜势综合等级见表 13-5。

表 13-5　环境风险潜势判别

序号	要素	E 的分级	P 分级	环境风险潜势
1	大气	E_2	P_3	Ⅲ
2	地表水	E_3	P_3	Ⅱ
3	地下水	E_3	P_3	Ⅱ

建设项目环境风险潜势综合等级：Ⅲ

13.4　评价等级和评价范围

（1）大气

大气环境风险评价等级为二级，评价范围为距项目边界 5 km 区域。

（2）地表水

地表水环境风险评价等级为三级，定性分析地表水环境影响后果。

（3）地下水

地下水环境风险评价等级为三级，评价范围同地下水环境影响评价范围，调查评价范围约为 5.15 km²。

13.5　环境风险识别

（1）物质风险识别

项目原辅材料、中间产品及产品涉及的危险物质主要包括混合碳四、烷基化油、正丁烷、异丁烷、液化石油气、燃料气、浓硫酸等，火灾、爆炸伴生/次生污染物为烃类易燃物质不完全燃烧产生的一氧化碳。主要危险物质的危险特性见表 13-6。

表 13-6　危险物质的危险特性

物质名称	闪点/℃	沸点/℃	爆炸下限/%	爆炸上限/%	火灾危险性分类	毒性		毒性危害程度
						LD₅₀/（mg/kg）	LC₅₀/（mg/m³）	
液化石油气	−74	—	2.3	9.7	甲 A	—	—	Ⅳ
正丁烷	−60	−0.5	1.5	8.5	甲 A	—	658 000 ppm	Ⅳ
异丁烷	−82.8	−11.8	1.8	8.5	甲 A	—	—	Ⅳ
一氧化碳	<−50	−191.4	12.5	74.2	甲	—	2 069	Ⅱ
烷基化油	−2	—	—	—	甲 B	—	16 000	Ⅳ
硫酸	—	330	—	—	乙	2 140	510 mg/m³（2 h，大鼠吸入）；320 mg/m³（2 h，小鼠吸入）	Ⅲ

（2）生产设施风险识别

项目包括两套生产装置及其配套的公辅设施。为了进行风险分析，将两套生产装置划分为两个危险单元。

项目建成后，主要原料是在现有工程总体物料中进行组分的调整，原料的储存依托现有储存设施。因此，不对现有储罐进行危险单元划分。

表 13-7 生产系统危险性及风险类型分析

危险单元	主要风险源	操作状况	介质	操作温度/℃	操作压力/MPaG	风险类型
烷基化装置	烷基化反应器	化学反应	H_2SO_4、烃类	−0.4～2.6	0.8	火灾、爆炸引发伴生/次生污染物排放、泄漏
	脱轻烃塔	物理过程	混合碳四	106	1.8	火灾、爆炸引发伴生/次生污染物排放、泄漏
	脱异丁烷塔	物理过程	碳四馏分、烷基化油	147.4	0.8	火灾、爆炸引发伴生/次生污染物排放、泄漏
	脱正丁烷塔	物理过程	碳四馏分、烷基化油	165	0.4	火灾、爆炸引发伴生/次生污染物排放、泄漏
	含酸气碱洗塔	化学反应	碱、含 H_2SO_4 烃类气体	40	0.16	泄漏
	烷基化油脱重塔	物理反应	正丁烷、烷基化油	228	0.1	火灾、爆炸引发伴生/次生污染物排放、泄漏
	脱轻烃塔回流罐	物理过程	轻烃	40	1.78	火灾、爆炸引发伴生/次生污染物排放、泄漏
	原料脱水器	物理过程	轻烃	10	1.0	火灾、爆炸引发伴生/次生污染物排放、泄漏
	酸烃聚结分离罐	物理过程	H_2SO_4、烃类	1.1	0.15	火灾、爆炸引发伴生/次生污染物排放、泄漏
	酸精细聚结器	物理过程	烃类、H_2SO_4	2	1.45	火灾、爆炸引发伴生/次生污染物排放、泄漏
	脱异丁烷塔回流罐	物理过程	轻烃	50.4	0.6	火灾、爆炸引发伴生/次生污染物排放、泄漏
	脱正丁烷塔顶回流罐	物理过程	正丁烷	50.4	0.6	火灾、爆炸引发伴生/次生污染物排放、泄漏
	废酸脱烃罐	物理过程	H_2SO_4、烃类	40	0.4	火灾、爆炸引发伴生/次生污染物排放、泄漏
	原料脱水器	物理过程	碳四馏分	121	1.3	火灾、爆炸引发伴生/次生污染物排放、泄漏
	排酸罐	物理过程	废酸、烃类	40	0.1	火灾、爆炸引发伴生/次生污染物排放、泄漏
	中和酸罐	物理过程	H_2SO_4	常温	0.01	泄漏
	酸雾碱洗分液罐	物理过程	H_2SO_4、碱	常温	0.01	泄漏
	脱重塔顶回流罐	物理过程	轻烃	46	0.1	火灾、爆炸引发伴生/次生污染物排放、泄漏
废酸再生装置	转化器	化学反应	SO_2、SO_3、烟气	400/600	0.03	泄漏
	高效增湿器	化学反应	含 SO_2 烟气、5% 硫酸溶液	380/65	−0.007	泄漏

危险单元	主要风险源	操作状况	介质	操作温度/℃	操作压力/MPaG	风险类型
废酸再生装置	填料冷却塔	化学反应	含 SO_2 烟气、2%硫酸溶液	65/42	−0.007	泄漏
	吸收塔	化学反应	环境空气、5%硫酸溶液	常温	微负压	泄漏
	干燥塔	化学反应	含 SO_2 烟气、93%硫酸溶液	41/60	−0.009	泄漏
	一吸塔	化学反应	含 SO_2 烟气、99.2%硫酸溶液	198/55	0.019 5	泄漏
	二吸塔	化学反应	含 SO_2 烟气、98.3%硫酸溶液	157/55	0.010 5	泄漏
	高位稀酸槽	物理过程	5%硫酸溶液	60	常压	泄漏
	干燥循环槽	物理过程	93%硫酸溶液	50～60	微负压	泄漏
	一吸循环槽	物理过程	99.2%硫酸溶液	55～79	微负压	泄漏
	二吸循环槽	物理过程	98.3%硫酸	55～61	微负压	泄漏
	浓酸地下槽	物理过程	99.2%硫酸	20～55	常压	泄漏

表 13-8 现有储罐情况及风险类型分析

序号	介质名称	储罐类型	单台容积/m³	数量/台	风险类型
1	化丁碳四	球罐	200	3	火灾、爆炸引发伴生/次生污染物排放、泄漏
2	气分碳四	球罐	2 000	2	火灾、爆炸引发伴生/次生污染物排放、泄漏
3	异丁烷	球罐	400	4	火灾、爆炸引发伴生/次生污染物排放、泄漏
4	正丁烷	球罐	400	9	火灾、爆炸引发伴生/次生污染物排放、泄漏
5	不合格碳四（正丁烷、异丁烷）	球罐	2 000	1	火灾、爆炸引发伴生/次生污染物排放、泄漏
6	烷基化汽油	内浮顶	5 000	2	火灾、爆炸引发伴生/次生污染物排放、泄漏

（3）扩散途径识别

项目有毒有害物质扩散途径主要有以下几个方面：

① 大气扩散：有毒有害物质泄漏后直接进入大气环境或挥发进入大气环境，或者易燃易爆物质泄漏发生火灾爆炸事故时伴生污染物进入大气环境，通过大气扩散对项目周围环境造成危害。

② 水环境扩散：若没有采取事故废水防控措施，项目存在事故废水经雨排系

统进入外环境的可能性。在水体防控措施可靠、有效的前提下，事故废水对外界水体环境影响较小。

③ 土壤扩散：液态危险物质泄漏后聚积地面，通过地面渗透进入土壤/地下含水层，对土壤环境/地下水环境造成污染。

13.6　风险事故情形分析

（1）风险事故情形设定

① 大气环境风险事故情形分析

根据对工程危险物质、重点危险源及风险事故类型分析，最大可信事故设定为：烷基化油产品泵出口管线完全断裂，烷基化油泄漏遇明火发生火灾，不完全燃烧产生 CO 进入大气环境。

② 地下水环境风险事故情形分析

地下水环境风险事故情形设定为：烷基化油储罐发生破裂，存储油品泄漏进入地下水，对地下水造成污染。

（2）源项分析

① 大气风险事故源项

采用 HJ 169—2018 附录 F 推荐的方法估算烷基化油火灾产生一氧化碳的量。

烷基化油产品泵出口管线断裂，烷基化油泄漏，遇明火发生火灾事故时，烷基化油燃烧速度约为 39.54 t/h。

烷基化油燃烧产生的 CO 按式（13-1）估算：

$$G_{CO}=2\,330 \times q \times C \times Q \qquad (13\text{-}1)$$

式中：G_{CO}——CO 的产生量，kg/s；

　　　q——烷基化油中碳不完全燃烧率，%，取 1.5%；

　　　C——烷基化油中碳的含量，%，取 85%；

　　　Q——参与燃烧的烷基化油量，t/s。

最大可信事故源项列于表 13-9。

表 13-9　最大可信事故源项

风险事故情形描述	危险单元	危险物质	影响途径	释放速率/（kg/s）	释放时间/s	最大释放量/kg	泄漏参数		
							温度/℃	压力/MPaG	管径/mm
烷基化油燃烧伴生污染物进入大气环境	烷基化装置	CO	大气	0.33	3 600	1 188	162.8	0.92	150

② 地下水风险事故源项

在风险情况下，烷基化油产品罐泄漏引起火灾爆炸时泄漏量为 85.36 t/h，假定储罐泄漏可在 10 min 内得到处理，因此 10 min 的泄漏量为 14.23 t。考虑区域包气带岩性，设定 1%物料通过破损的防渗层下渗进入地下水，则污染物下渗量为 142.3 kg，污染物浓度为 $7.3×10^5$ mg/L。含水层厚度平均值为 10.0 m，储罐防火堤内长度为 40 m，因此污染物注入横截面面积为 400 m^2。

13.7　风险预测与评价

（1）大气环境风险预测

1）预测模型

采用 HJ 169—2018 推荐的 AFTOX 预测模型。AFTOX 模型适用于平坦地形下中性气体和轻质气体排放以及液池蒸发气体的扩散模拟。

2）事故情形预测

大气环境风险评价等级为二级，选取最不利气象条件进行后果预测（表 13-10）。

表 13-10　大气风险预测模型主要参数

参数类型	选项	参数
基本情况	事故源经度/（°）	略
	事故源纬度/（°）	略
	事故源类型	管线
气象参数	气象条件类型	最不利气象
	风速/（m/s）	1.5

参数类型	选项	参数
气象参数	环境温度/℃	25
	相对湿度/%	50
	稳定度	F
其他参数	地表粗糙度/m	100
	是否考虑地形	否
	地形数据精度/m	略

3）预测结果

大气环境风险事故预测结果见表 13-11。

表 13-11　事故源项及事故后果预测基本信息

风险事故情形分析 a					
代表性风险事故情形描述	烷基化油产品泵出口管线完全断裂，烷基化油泄漏遇明火发生火灾，不完全燃烧产生 CO 进入大气环境				
环境风险类型	火灾、爆炸引发伴生/次生污染物排放				
泄漏设备类型	管线	操作温度/℃	162.8	操作压力/MPa	0.92
泄漏危险物质	CO	最大存在量/kg	—	泄漏孔径/mm	150
泄漏速率/(kg/s)	0.33	泄漏时间/min	60	泄漏量/kg	1 188
泄漏高度/m	—	泄漏液体蒸发量/kg	—	泄漏频率	1.30×10^{-5}

事故后果预测					
大气	危险物质	大气环境影响			
		指标	浓度值/（mg/m³）	最远影响距离/m	到达时间/min
	CO	大气毒性终点浓度-1	380	—	—
		大气毒性终点浓度-2	95	365	4.06

预测结果表明，在设定的环境风险事故情形下，CO 高峰浓度未超过大气毒性终点浓度-1（380 mg/m³）；达到大气毒性终点浓度-2（95 mg/m³）的最远影响距离为 365 m，此范围内无环境敏感目标存在。

（2）地下水环境风险预测

地下水风险事故预测结果如下：烷基化油产品罐瞬时泄漏后 100 d，预测的最大值为 70.962 mg/L，预测最远超标距离为 115 m，最远影响距离为 124 m；烷基化油产品罐瞬时泄漏后 500 d 时，预测的最大值为 31.735 mg/L，预测最远超标距离为 479 m，最远影响距离为 500 m；烷基化油产品罐瞬时泄漏后 1 000 d 时，预测的最大值为 22.440 mg/L，预测最远超标距离为 914 m，最远影响距离为 946 m；烷基化油产品罐瞬时泄漏后 2 000 d 时，预测的最大值为 15.868 mg/L，预测最远超标距离为 1 769 m，最远影响距离为 1 815 m；烷基化油产品罐瞬时泄漏后 5 000 d 时，预测的最大值为 10.036 mg/L，最远预测超标距离为 4 297 m，最远影响距离为 4 372 m。

13.8　环境风险防范措施

（1）大气环境风险防范措施（略）

（2）地表水环境风险防范措施

1）三级防控体系

项目建立从污染源头、过程处理和最终排放的三级防控体系。

① 一级防控，在生产区设有围堰，事故发生时，事故污水及消防水经装置围堰收集。

② 二级防控：二级防控措施是在污水处理场设置容积为 20 000 m³ 的事故废水收集罐，事故时消防污水、初期雨水均可进入事故水罐暂存。

③ 三级防控：如果事故废水突破装置围堰或储罐防火堤进入雨排系统，该部分废水会汇入雨排系统流向厂界外的河流排放口，此时启动厂级预案，启用拦河坝，将事故污水截至雨排沟内，然后利用 DN600 事故废水专用管线将事故废水送至厂内污水处理场进行处理。

2）事故废水应急储存能力核算

事故废水产生量计算公式为

$$V_{总} = (V_1 + V_2 - V_3)_{max} + V_4 + V_5 \qquad (13\text{-}2)$$

式中：V_1——收集系统范围内发生事故的储罐或装置的物料量，m³；

　　　V_2——发生事故的储罐或装置的消防水量，m³；

　　　V——发生事故时可以转输到其他储存或处理设施的物料量，m³；

V_4——发生事故时仍必须进入该收集系统的生产废水量，m^3；

V_5——发生事故时可能进入该收集系统的降水量，m^3。

① 物料量烷基化油产品泵出口流量为 57.3 m^3/h，按 6 h 考虑，泄漏物料量为 343.8 m^3。

② 消防水量：项目所需的最大消防水量为 1 080 m^3/h，火灾连续供水时间不小于 6 h，消防水量为 6 480 m^3。

③ 发生事故时，物料没有转输到其他储存或处理设施。

④ 生产废水量：项目的生产废水产生量为 8 m^3/h，若以 6 h 计算，则生产废水产生量为 48 m^3。

3）降水量

发生事故时可能进入事故水收集系统的降水量约为 380 m^3。

事故废水产生量 $V_{总} = (V_1 + V_2 - V_3)_{max} + V_4 + V_5 = 7\ 252\ m^3$，项目设置的事故水罐储存能力为 20 000 m^3，可以满足风险事故污水储存要求。

（3）地下水环境风险防范措施（略）

13.9　突发环境事件应急预案编制要求（略）

13.10　评价结论与建议（略）